やらなきゃ損する

農家のマーケティング入門

冨田きよむ［著］
Tomita Kiyomu

失敗しない値段のつけ方から売り方まで

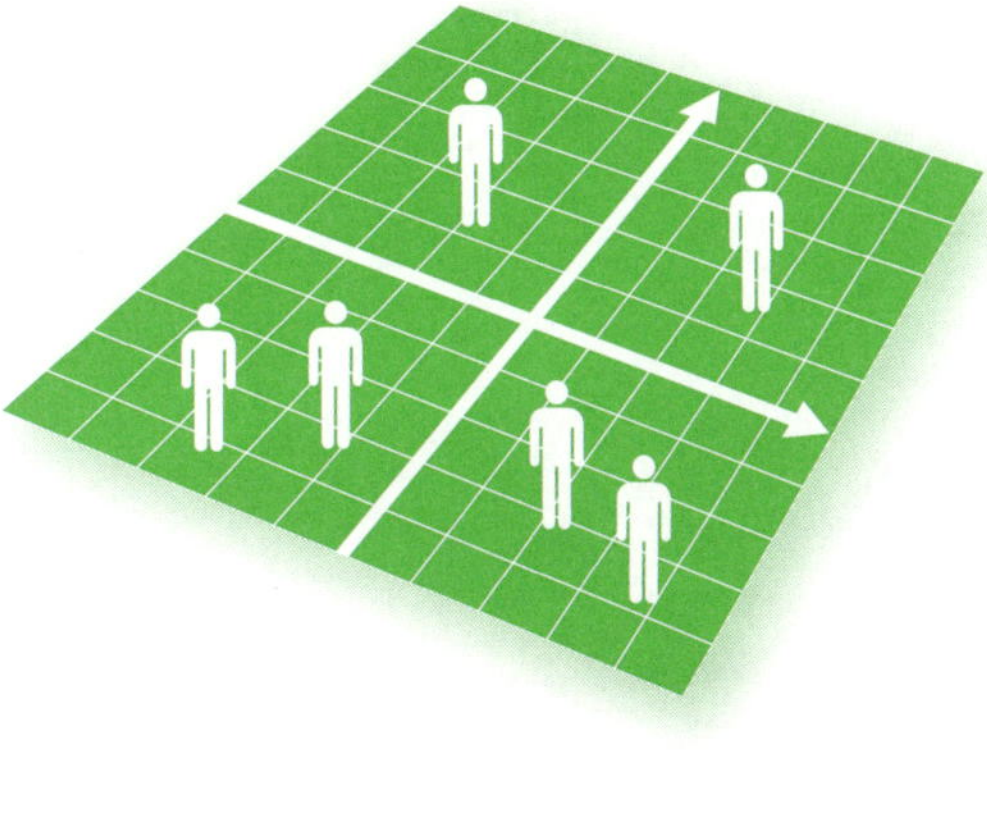

農文協

はじめに

六年ほど前に『現代農業』（農文協）でマーケティングについて連載したときに、たくさんの人からお手紙を頂戴した。また、農家のインターネット産直グループの「元気ねっと」や、農家と消費者をインターネットでつなぐ「ＮＰＯ法人アグリコミュニケーション（アグリコ）」のメンバーの多くがその連載を読んで非常に参考になったという話を聞いて、そろそろ一冊にまとめる時期かなあ、と重い筆を執ったのが二〇〇三年の十月であった。

筆が重かった理由のひとつに、私自身がやらかした、それはそれはたくさんの失敗を、もう一度再確認する仕事になってしまうことがあった。しかし、失敗したからこそ自信を持って、こうやったらいけないよと警告することができるんだろうなと、思い直して書いた。かっこよく言えば失敗に学ぶというところか。

まあ、失敗なんかしないほうがいいに決まってる。

この本では、とにかくややこしいお話は限界まで削って、わかっていただきたいことだけを詳しく解説したつもりだ。今すぐ取り組めることと、今後の課題ではあるけれども、前もっておさえておくべきだ、という考えの両方を書いた。

農家にとって一番の難関である値段のつけ方については、米の実例を元に徹底して書いたので、ぜひ参考にしていただきたい。みんなこの値段のつけ方で苦しんでいるんだ。

この本は、大儲けをしようということを目的として書いたのではなくて、農家として継続できる適正な利益を得よう、流通に持っていかれていた利益を生産者と消費者が仲良く「半分こ」しよう、ということを主目的にした。

「マーケティング」などという農業とは無縁と思われがちな言葉の本質が、実はコミュニケーション（情報の共有）にあるんだ、ということをご理解いただければこの本は成功したといえる。『農家のインターネット産直』という本を以前書いたけれども、そこでは、インターネットとはコミュニケーションである、と書いた。マーケティングの本質も、まさしくコミュニケーションである。

それから、自らの失敗事例を発表することを快く許してくれた橋本さん、朝倉さん、ならびに、すばらしい実践例を提供してくれた「元気ねっと」「アグリコ」のメンバーに深く感謝する。

二〇〇四年正月明けて　自宅書斎にて

冨田　きよむ

目次

はじめに——1

第1章　今こそ農家のマーケティング

1　消費者の食の不安を払拭できるのは農家だけ——12
2　マーケティングを始めよう——16
◆まず自分は何者なのかをとことん考える……16
◆主力作物と新規販売品目のバランス……17
◆長期計画が必要……19
◆商業マーケティングとの違い……21
3　マーケティングと情報提供——25
◆売り上げは提供する情報の量で決まる……25
◆地産地消、直売所、女性起業の情報提供……26
◆マーケティングの極意は情報の共有……30

◆挨拶は情報交換の基本……35
4 農家のブランド力を持とう 38
◆ブランドとは……38
◆農産物は実用一点張りで勝負……41
◆ブランドとは価値観の共有……43
5 消費者の構造と消費行動 46
◆消費者を四つに区分する考え方……46
◆ペネトレーション層を相手にしてはいけないわけ……52
◆クレーム対応……55
6 上得意さんをつかむには 60

第2章 商品の分類と値段のつけ方

1 商品の分類 66
◆直売したら消費財……66
◆市場に出荷したら生産財……68
2 値段のつけ方 69

◆生産原価……69
◆販売原価（生産原価＋農家の存続経費）を元に販売価格を決める……71
◆価格設定の考え方――米の直売の場合――……73
◆販売原価を抑えるには利益を減らすしかない……75
3 価格設定の失敗例――77
◆販売原価を割って卸した冨田の失敗……77
◆売れ残りが怖くて安くした橋本さんの失敗……80
◆原価計算を間違えた朝倉さんの失敗……82
◆価格の決定で後悔しないために……84
4 顧客分析と商品分析――86
◆商品構成の分析法……87
◆顧客の分析法……88

第3章 商売の基本と責任の取り方

1 農家はメーカー――92
◆「父さんなら畑に行ってるわ」はダメ……92

◆きちんとした電話の受け答えの例……93
◆初対面のお客さんの例……94
◆「農家のすることだから」に甘えるな……96

2　リスクの考え方――97
◆米販売のリスクは販売価格に入れる……97
◆加工部門があれば卸売りでも有利……99
◆足がはやい作物の欠点を活かせ……101

3　経営は個人責任で――104
◆仲良しグループでも職業人意識を持とう……104
◆勉強はグループで、経営は個人で……106
◆法人組織を作る……108
◆身銭を切って勉強しよう……110

第4章　直売の始め方、広げ方

1　消費者の気持ちのつかみ方――116
◆とにかく畑を見せてやろう、作業を見せてやろう……116

◆最初からカネをかけるな……119
◆畑のことを畑で話せ……121

2　直売所開設の心構え　123

◆仮設物件のすすめ……123
◆電気は仮設電気が得だ……125
◆安さだけで勝負しないこと……127
◆プロらしく、スマートにいこうぜ……127
◆農地法・都市計画法の攻略……130

3　漬物の販売を始める　133

◆農家は、都会人の母たるべし……135
◆自分たちが普段食べてるものを売ろう……137
◆会員頒布で販売研究……140

4　ファームレストランを開く　142

◆仮想ファームレストラン「農家の食卓」……142
◆流行る理由を考えてみよう……145
◆家族ではなく、栽培面積を犠牲にしよう……147

◆新築よりも、自宅・倉庫改造でいこう……148
◆ケーススタディをしよう……149
5 産直の集大成　ファームイン　152
◆経営者の魅力が経営を左右する……152
◆スキー客をアテにするな……155
6 体験農場　集客のコツ　157
◆農家の日常は、そのまま見せるだけで十分楽しい……161
◆バスを呼ぶ方法——まずは小学校のＰＴＡの研修旅行をねらえ……163
◆ＰＴＡにＤＭを出そう……164
◆ＤＭを出す時期……164
◆体験農場に必要なもの……166
◆駐車場……167
7 デパートの催事はほどほどに　168

第5章　番外編　保健所との付き合い方

1 食品衛生法とは　172

◆加工所の許可を取る……172
◆食品衛生責任者になろう……174
◆表示はどうする?……175
◆PL法は保険に入れ……177
◆とにかく保健所に行こう……179
2　飲食店（ファームレストラン）と食品衛生法——181
◆食品取扱い設備の管理保全……181
◆施設基準……182
3　食品衛生法は農家を守るためにある——183
おわりに——189

イラスト　宇井野和成

第1章

今こそ農家のマーケティング

1 消費者の食の不安を払拭できるのは農家だけ

本来であれば直売なんて考えずに、農協に出荷することだけで、農業経営が成立するのがもっとも望ましいのは、言うまでもない。農家は、安心して高品質の作物をたくさん栽培することだけに専念するべきなのだ。そしてそれが、国民の生命の根源たる「食料の安定的確保」につながる。

しかし、まことに残念なことに、流通段階での各種手数料や運賃コストなどでがんじがらめになっていて、農協や市場だけを相手に取引をしていても、経営が成立しない状況となってきた。おまけに最後の牙城、米を含む農産物の輸入自由化がどんどん進行している。

価格競争に追い込まれたら勝ち目はないんだ。けれども、本当に価格だけで勝負していいんだろうかという疑問が、生産者だけではなくて、消費者にも出てきているんだな。安心と信頼というのが食料に課せられた最大の課題であることに、今みんな気がつき始めた。その意味では、雪印や日本ハムの牛肉偽装事件やら、ＢＳＥ問題、禁止農薬散布事件というのは非常に大きな役割を果したといっても過言ではない。

やる気のある農家にとっては逆風どころか、追い風にさえなるんだ。

そこで勢い、ホームページ販売、直売、加工販売、農家民宿なんかが注目されてきた。直売所が、場所によっては林立していて相乗効果を生み、それぞれが結構儲かっている場合も多い。しかし、まったく儲かっていないケースだって同じくらい多いのだ。

なぜか。

それは、マーケティングが間違っているからだ。

二年ほど前になるだろうか、ある公的機関の行なった研修会で配布された農業マーケティングの資料を見る機会があった。税金を使って研究したのだから、これは参考になるだろうと思って読み始めて、あきれ返った。

考え方が正反対なんだ。

この資料では要するにマーケティングというのは、「顧客ニーズを開発し喚起すること」であると述べられている。ニーズは売る側が作り出せる、という考え方は、残念なんだけれども一九六〇年代に死んでしまった考え方だ。死んでしまったというのは、つまり、間違っていたということなんだ。売る側の都合で作り出されたニーズに踊らされるほど消費者は馬鹿じゃない。安心と信頼が崩壊している今はなおさらだ。

残念だけれども、こと農業に限って言うと、大学の研究者の多くも公的機関の研究者も、この死んでしまった理論から一歩も出ていないんだ。つまり、間違った前提でものを考えているんだ。のっけから批判がましくて申し訳ないけれども、事実は事実として認識していただきたい。

そこで、ではナニが正解か。

アメリカのマーケティング研究の第一人者といわれるフィリップ・コトラーさんは「マーケティングとは、価値を創造し、提供し、他の人々と交換することを通じて、個人やグループが必要（ニーズ）とし欲求（ウォンツ）するものを満たす社会的、経済的過程である」と定義しているんだな。

簡単に言うと、需要を喚起したり開発したりすることではなくて、現代社会で個人やグループが生きていくうえで必要としているニーズを見つけて、それを満たすために自分たちができる活動のすべてがマーケティングである、ということなんだな。

かなりややこしいんだけれども、ややこしいことを避けてばかりいたって先はない。先はないと威張ったところで、意味がよくわからないというのでは、せっかくお買い上げいただいたこの本を読む必要などなくなってしまう。それでは困るので、私が自分なりに理解できたところで翻訳を試みてみたい。

消費者は安心してうまいご飯を食べたいと思っている。しかしながら、スーパーで売られている米はどうもいまいち信用できないなと常々感じている。牛肉も鶏肉も卵も最近では信用できなくなってしまった。つまりこれがニーズである。特に米は正しい日本人が生活してゆくのに必要不可欠であるにもかかわらず、その生活の根底に大きな不安を抱えて生きているのだ。

たとえば、「NPO法人アグリコミュニケーション」（通称アグリコ）（注1）メンバーで米の産直農家の橋本さん（注2）や下條さん（注3）たちは、この不安を解消するために、次のことをホームページで明示した。

この米はどこで、誰が、どんな方法で、何を考え何に悩み何を喜んで栽培したのか。農家が暮らしている地域の様子や季節の移ろい、自然の姿。またとくに使用農薬については特別のページも準備した。

つまり農家を取り巻くすべての情報をホームページなどで公開したのである。

消費者は今自分が食べているご飯の氏素性を詳しく知ることで、より安心した食生活を送ることができる。

消費者がきちんとした情報を得ることにより、必要（ニーズ）を満たし、彼らのお米を買うことによって欲求（ウォンツ）も満たしたのだ。当然ながら売り上げは順調に伸び続けている。

つまり、これらの「過程」のすべてがマーケティングなのである。

もう一度言うが、マーケティングとは、新たな需要を喚起したり作り出すものではなくて、今現在そこにあるニーズを見つけて、自分の商品がそれに合っているのかを考えて、合っていなければ、それに近づけ、その結果を消費者にきちんと伝えること。そのすべての過程の総称をマーケティングと呼ぶのである。

これは生産手段のすべてを持っている農家にとって、本来必要不可欠な仕事である。そして、今や農家の一番の強みがここにある。それを活かすことが、すなわちマーケティングなのだ。

注1　NPO法人アグリコミュニケーション　インターネットを通じて農業情報を一般消費者と共有することを促進するNPO。会員募集中！　http://www.agrico.org/

注2　福井県の橋本さん　http://www.farm-hashimoto.com/

注3　新潟県の下條さん　http://www.shimojo.tv/

2　マーケティングを始めよう

◆まず自分は何者なのかをとことん考える

マーケティングというのは具体的な行為ではなくて、その過程をさす。

まず最初に取り組まなければならないのが、「自分は何者であるのか」という、つまりは自我の確立と認識・評価である。それがすべての始まりだ。

なーにを今さらという向きも多いと思うが、意外や意外、

「おらはいったい何者なんでしょうか？」

という人が実に多いのだ。えらそうに語る冨田にしたところで大いにそういう傾向がある。むしろそ

ういう傾向が強い人間で、それをきちんとやらなかったから大量の借金を短期間に作り上げてしまった、ということも言えるのである。

さて、「自我の確立」は次のように整理できる。

1　自分のよって立つところはどこか。

2　自分はどこから来てどこへ行きたいか。

3　自分の長所はどこで、短所はどこか。

4　自分の特技は何か、苦手は何か。

要するに己の実力を知るということである。これがすべての基本になる。

たとえば、米農家が、トマトとキュウリの栽培にも取り組んでいるとしよう。今の主力は米であるが、将来的にトマトの加工販売にも取り組んでみたいと考えているとしよう。

すでに米の分野では直売を始めており、実績も上がり始めている。という状況を想定しよう。

◆主力作物と新規販売品目のバランス

このときに考えなくてはならないのは、実はトマトの加工販売についてだけではないのだ。まず考えるべきは、

1　米の直売の比率を今後どうしたいのか。

主力作物をないがしろにしたら、販売戦略は立たない

2　米の作付面積を今後どうするのか。
3　米の品質の改善に今後どう取り組むか。
4　立地条件はどうか。
5　将来の経営の柱は何にするか。

をまず考えるべきなんだ。つまり、現状をしっかりと認識して、そのうえで、将来的に経営をどの方向に向けてゆくのかを見極める。主力となる米の生産と販売を今後どのように伸ばすか、あるいは縮小するかということをまず最初に決めないと、トマトの加工販売が宙に浮く。

つまり、トマトの加工販売という新しい分野に取り組もうとするとき、かなりの時間とある程度の投資が必要となる。その先行投資を支えるのが主力の米なんだ。で、その米を今後どのように位置づけてゆくのかで、答えが大きく違ってくる。

多くの失敗は実はここにある。

現在の主力作物を今後どのように位置づけるのか、という基本的な戦略を見失って、流れのままに走っている場合、例外なく破綻する。トマトの加工技術の習得やそれに伴う新規の投資を先行して進めてしまうと、主力の米の生産に影響が出てくるのは当たり前だ。結果として、両方ともだめになるというケースが多い。

私の場合も立派に破綻した。己の実力・能力もわきまえず、バラ栽培の拡大に走った。分不相応な投資も行なった。確かに売り上げは上がったが、債務超過に陥って、一〇年で三〇〇〇万円を返さなくてはいけないような地獄をくぐる羽目になった。

己の分をわきまえていれば、ドライフラワー専業の経営にさっさとシフトして、栽培面積の拡大やら、栽培の自動化などやらなかったはずだ。そうすれば暮れも押し詰まって原稿に追われることもなかったのになあと、悔やまれるのである。悔やんでも悔やみきれないのである。

◆長期計画が必要

話を元に戻そう。

食品加工に取り組むというのは、通年で仕事ができるということである。安定した収入と労働力が確保でき、気候変動などのリスクもある程度分散される点などメリットは大きい。しかし、加工食品を安定的に販売するにはかなりの試行錯誤が必要である。と同時に、規模にもよるがかなりの先行投資も必要となる。それを支えるのが現在の主力作物だ。

主力作物を安定的に生産できる条件を満たし、その上に新商品の開発という別の仕事が発生するわけである。

だから、まず自分は何者なんだという問いかけを、自分自身にする必要があるんだ。

自分は何をやりたいのだろうか。

自分には何ができるのだろうか。

それを冷静に判断するためには、主力作物の将来の位置づけを考えることが非常に重要になる。五年後、一〇年後を見据えて、そのために今はこの作業をこなし、次の段階ではこの作業をというふうに長期的な展望を持って具体的に作業計画を立てる。作業計画だけではなく、収支計画、投資計画、販売計画なども同時につめてゆく必要がある。これを販売戦略と呼ぶ。販売戦略を考えるうえで基本になるのは、やはり現在の主力作物なのである。

主力作物のことを真剣に考えるのが、つまりマーケティングの根本となり、販売戦略の根本となる。

これが自我の確立つまり、コーポレートアイデンティティの基礎である。

◆商業マーケティングとの違い

大きな人口を相手にして市場占拠率を云々する商業マーケティングと、農家個人が取り組むマーケティングの大きな違いが出てくるのはこの辺からなんだ。

大メーカーや大規模商業施設などの場合いくらでも作ることができるし、いくらでも仕入れることが可能だ。売れるものはとことん売っちゃえというわけだ。

ところが、われわれ農家の場合には事情が大きく異なってくる。つまり、「無尽蔵に生産物はないよ」ということだ。生産量の上限がしっかりとあって、それを超える販売はできない。それを超えて販売しようと思うと、よそから仕入れて販売することになる。この本では、よそから仕入れて販売する規模のマーケティングは対象にしないので割愛させていただく。もちろん生産者同士の抱き合せ販売などはこの範疇には入らない。

工業製品のように均一な品質のものであれば、一円でも安いものを買うべきだ。しかもそれは大量生産されている。けれども、農産物の場合はどうだろう。一円二円の安さだけで消費者が動く時代はすでに終わった。むしろ、高いものが売れる時代になってきた。なぜだろう。それを考えることは具体的な例を参考に考えるのが近道だ。

アグリコメンバーで和歌山の梅干農家月向さん（注1）の梅干は、一般的に言うと高い部類に入る。

しかし、生産量が需要に追いつかないという状況が続いている。梅干など、どこのスーパーにでも売っている。わざわざ和歌山から、高い運賃を支払ってまで梅干を取り寄せる理由は何だろう。

アグリコメンバーで北海道十勝の鈴木さん（注2）の場合でも、これまた運賃が非常に高くて、場合によっては商品よりも高額な運賃を支払ってまで全国の顧客が加工食品を取り寄せる理由はなんだろう。

それは彼らが顧客に出している「情報の質と量」である。電子メールによる緊密なコミュニケーションである。

農家と消費者をつなぐ一番強い絆は、実は農産物（商品）そのものではなく「情報」なのである。彼らのホームページは非常に詳しく作られており、今何が大切なことなのかがキチンと表現されている。と同時に、生産者の顔がよく見える。物理的に顔が写っているなどということにとどまらず、人間そのものがしっかりとそこに息づいているのだ。情報の海にしっかりとした基盤を築いているからこそ、彼らに注文が入るのである。

さらに言えば、

消費者は個人的なつながりを求めている。これまでは生産者と消費者が分断されていた。情報という意味でも、空間的な隔たりという意味でも分断されていた。しかし、現在、インターネットの普及によってこの分断や隔たりが一気に取り払われたのである。

消費者が生産者と、喜びを共有すること、場合によっては同じ土俵で苦労さえ分かち合いたいと願う時代になった。消費者が求めているものは、個人と個人のつながりである。商品を通して喜びを共有したいと考える消費者が非常な勢いで増えている。食べものを通じた喜びの共有は、個人の生きる不安を払拭できるのである。

商売とは、あるいはマーケティングとは、言い換えると「価値の交換」である。単なる梅干やジャガイモはそれだけでは商品たりえない。買い手がいて初めて、梅干やジャガイモは商品になるのだ。買い手は梅干やジャガイモを食べたいというニーズを持っているけれども、月向さんの梅干、鈴木さんのジャガイモでなくては欲求（ウォンツ）が満たされない、という特殊な関係が構築されて、初めて売れる商品になる。決め手となるのは情報の共有である。梅干やジャガイモの使用価値、つまり、銭金に換算できないものの交換である。

話がこんがらがってきたので少し整理すると、次のようになる。

先ほどのコトラーさんは、人間が暮らしてゆくうえで必要なものが何らかの原因で奪われている状態を「ニーズ（必要性）」と言っている。で、「ウォンツ（欲求）」はその状態を回復したいと希求することで、回復できる特定のものを製品と呼んでいる。

たとえば、

「食べ物が心配だ」というのがニーズ。

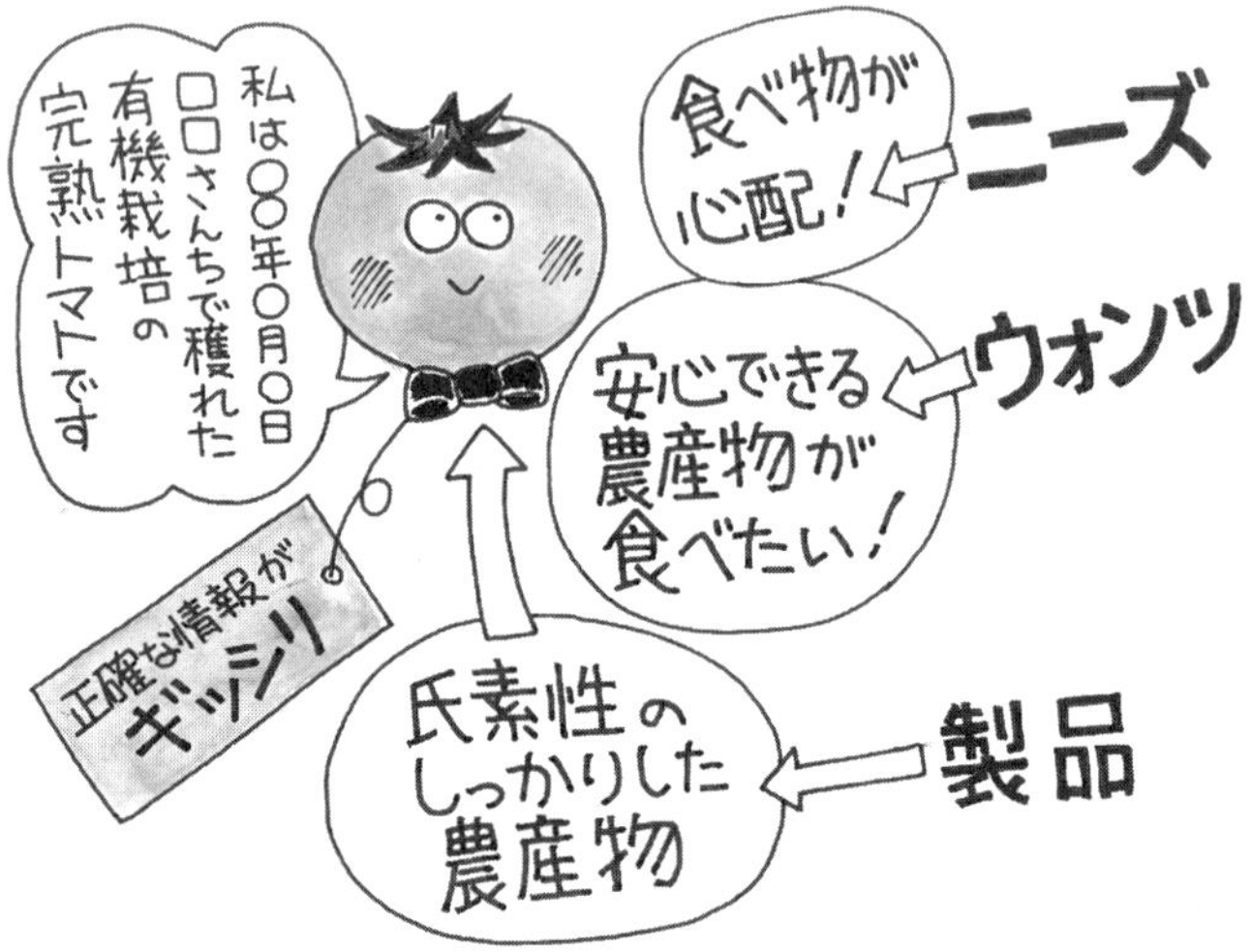

必要で十分な情報が付加されて初めて、農産物は製品になる

「安心できる農産物を食べたい」というのがウォンツ。

「氏素性のしっかりした農産物」が製品である。

自分が食べるものの氏素性がわからない、情報欠乏状態がニーズ。食べものの素性を知りたい、生産者のさまざまな情報が知りたいというウォンツ。そして必要で十分な情報が付加されている農産物が製品、とも言い換えることができる。

消費者の持っているニーズとウォンツを満たすのは、何よりも正確で血の通った情報である。本来情報とは無味乾燥な数値（データ）ではなく、血が通った人間くさいものである。情報とは「情けに報いる」という意味でもある。

これは、大量生産画一生産の対極に位置する。つまり、特定以上の価値を持った農家のブランドということになる。

注1　和歌山県の月向さん　http://www.minabe.net/
注2　北海道の鈴木さん　http://www.suzukitchen.com/

3　マーケティングと情報提供

◆売り上げは提供する情報の量で決まる

二〇〇一年暮れに『農家のインターネット産直』（農文協）という本を書いてからというもの、「直売所とホームページに何の関係があるのか」とあちこちでよく聞かれる。そのたびに、

「直売所がどうして流行るのか、どんな直売所が流行るのかを考えるとその理由がよくわかりますよ」

と、答える。

街道筋に立ち並ぶ野菜や果物を中心とした直売所。私の住んでいる北海道伊達市近郊にも多くの直売所がある。メロンやリンゴやブドウのほか、季節の野菜などが売られており、地元でも非常に重宝

されている。もちろん観光客も多く訪れている。

かたや、第三セクターなどで運営している農産物直売センターなどもある。これは、一概に流行っているとは言えない状況だ。むしろ税金の無駄遣いだなあと思うようなところもある。

直売所にもいろいろあって、街道筋にも、農家が直売しているところと、そこに集まってくるお客を当て込んで業者が店を出したところがある。農家のやってる店は繁盛しているにもかかわらず、業者はたいていすぐに撤退していくようだ。ヘンな話だろ?

さて、調子の悪い第三セクターと業者の出店と繁盛している農家の店の三店の違いを考えると一目瞭然だ。つまり、これは、情報量の差なんだな。

農産物を育てた親父や母さんから直接買えるから直売所で買い物をする。目の前に商品を生産した畑や田んぼが広がっていて、そこの様子がよく見えるから直売所で買い物をする。

それは全部農業情報だよね。農業情報の差が売り上げの差なのさ。

◆地産地消、直売所、女性起業の情報提供

地産地消の講習会に講師で出席する機会も増えた。あるいは、女性起業の講師で出かけることも多くなった。

そこでいつもするお話をご紹介しよう。

◇地産地消がお客を呼び込む

なぜ地元の作物を地元で消費しようという動きが活発化してきたのかを考えると、ごくごく当たり前のことがわかってくる。

普段通りかかる畑で収穫された作物の多くは、たいてい大きな町に出荷されてしまう。地元消費者は下手をすると、都会の大きな市場まで行って戻ってきた「地元」の作物が届けられることさえある。そんな手間ひまと流通経費をかけないで、その浮いた分を、消費者と生産者が利益として分かち合えばいいのだということは理の当然だ。しかも、新鮮な作物が手に入る。そして何よりも、「顔のしっかり見える」農作物がそこに並んでいるのだ。直売所にはあふれんばかりの情報がある。で、もしこの情報をホームページに掲載するとどうなるか。地元の人はもちろんその情報を利用するし、遠く離れた人もその情報に接する機会が生まれるんだな。地元の人に対して出したきめ細かな情報が、遠く離れたところに住んでいる人たちにとっても意外に重要な情報源となり、わざわざ遊びに来る人も出てくる。ここに商売のチャンスが生まれるんだ。

◇直売所は楽しい

多くの第三セクターの直売所と業者のやってる直売所がなんで左前なのかというと、そこには血の通った情報がないからだ。まずもって決定的なのが店員である。売り子さん店員さんをお金で雇った段階でそこは単なる商店に成り下がる。そもそも肝心の売り子さんにしたって、スーパーのように明らかに商売をするプロの場所と第三セクターやら業者の出店では接客の質では勝負になるはずがない。

よく考えてほしいんだけど、直売所に来るお客さんの多くは、観光客なんだ。観光客っていうのは、楽しみに来るんだ。で、何が楽しみかというと、農家の親父とか母さんやばあちゃんとの会話なんだな。大地に根っこを張った農家の生きざまそのものから出てくる、他愛ない季節の話や作物や地域の自慢話なんかを楽しみたいんだよ。

もしも直売所からそんな会話が失われたとしたら、いったい何が残る？　誰がそんなところで物を買う？　また買いに行こうって思う？

店員でもある農家がお客さんとかわす何気ないやり取りの一つ一つが、つまりは大切な大切な情報なんだ。この情報をホームページにすれば、すごく面白いホームページになる。で、面白いホームページというのは例外なく物がよく売れる。物がよく売れるということと、楽しいということは、同じことなんだよ。ここがわかれば売り上げが伸びる直売所になる。

◇女性起業の場合

農家の母さんたちが寄ってたかって面白いことをやっているという話をよく聞く。ものすごくうまいものをつくっているという話もよく聞く。ところが、それがどこで手に入るかというと、よくわからないことが多い。場合によっては幻などと呼ばれることもある。

ひとつ例を挙げよう。福井県の水産加工品で「へしこ」というサバの糠漬けがある。これは非常にうまい食品である。むろん、駅の売店でみやげ物として売られているのだけれども、その中でも最高にうまいのは、「なぎさ会」というおばさんグループが作っている「幻のへしこ」である。これは確かに明らかにうまい。圧倒的に段違いにうまいのだ。これを手に入れるには、地元の友人に頼むしか手立てがない。

「いざ送ってやろうと思って探すとない。探さないときは普通に売ってるんだけどねえ」と友人もぼやく。冨田はこれを聞いて心底ガッカリする。

こういう食品はぜひともホームページで売って欲しいのだ。しかし、この「なぎさ会」のえらいところは、たくさん作ると質が落ちるからたくさんは作らない。人を増やすと品質が落ちるから人も増やさない、と明言してはばからないところだ。

少量生産限定品なのでホームページには見向きもしない。

「なぎさ会」のように売れまくる場合は別にして、普通は農産加工品の販売チャンネルを増やすというのは大変なことである。販売チャンネルのひとつとしてホームページは大いに利用するべきである。なんせ、経費が非常に安いうえにやり方によって非常に大きな効果があるからだ。

ホームページというのは、不特定多数の多くの人にぼんやり見てもらうというよりも、情報を探している少数の人に対して抜群に効果的に情報を発信する道具とみなすべきだと思う。

物を売るということは情報を売るということと同じことだ。さらに言うと、より大きな満足感を売ろうと思うとより多くの情報も一緒にくっつけて売らないといけないということだ。

◆マーケティングの極意は情報の共有

繰り返しになるが、情報というのはかしこまったデータの羅列やら、人を煙に巻くための面妖かつ難解な横文字を並べ立てるものではまったくない。そこで、顧客が満足する必要十分な情報とは何ぞや、ということをまず再度確認しておきたい。

とかく世の中というのは難解な言葉を高級であると勘違いする。特に私のような田舎者はその傾向がものすごく強い。

けれども、本当に物がよくわかった人の話というのは、ものすごく簡単な言葉で、わかりやすいのだ。で、わかりやすいけれども、実はものすごく深い内容の話をしていることが多い。あまりに奥が深いので、そのときにはなるほどと納得したのに、後で思い出そうとしても肝心の点が思い出せないことさえある。これはひとえに己の頭が悪いのが原因で、わかりやすいお話をしてくださった方の責任ではないけどね。

さて、心から尊敬してやまない作家倉本聰先生の名作『北の国から』を例にとって、情報とは何ぞや、田舎の暮らしの情報とは何ぞやについて確認しておきたい。

先だってついに『北の国から』が終わってしまった。終わり方が何とも中途半端で、ついついこの先、純や蛍がどうなっていくのだろうかということが気になって仕方がないのではあるが、そんなことを言ってる場合ではないので話を進める。

『北の国から』では、実にどうでもいい、つまりは、お話の本筋とはまったく関係のないシーンが次から次へと出てくる。たとえば、五郎さんである。

五郎さんと書くだけで、あの風貌が目に浮かぶ。話し方や生き方や価値観が、実在の人物のそれとしてありありとよみがえる。

これはナンデかというと、倉本先生が、五郎さんという人物のどうでもいい「こと」、どうでもいい「ところ」をしつこくしつこく、それはそれはしつこく描写したからである。

純が東京で女の子をはらませちまったときに、五郎さんがお詫びにと持っていったのはカボチャであった。

他人に寝取られちまった女房の葬儀には、普通列車を乗り継いで三〇時間かけてようやくたどり着いた。

古い古いダットサントラックを乗り回し、いつも同じ服を着て、スーツなんか富良野に帰ってきたときの一着しか持っていない。

ここで思い出していただきたい。田中邦衛さんにはまことに申し訳ないけれども、五郎さんは汚かったから、よかったのである。リアルだったのである。要するに、東京のおばさんたちが観光で富良野に来たときに、五郎さんがそこにいるものとマジで思い込んでしまう理由は、つまり、五郎さんが汚くてみすぼらしい格好をしているからなんだ。

これが、田村正和さんであったとしたらお話はまったくもって完全にブチ壊しである。お話のすべてがまるっきりの嘘っぱちになってしまう。

ナンデ汚くて貧乏な五郎さんを軸にしたお話がこれほどまでに人のココロを打つのかということが情報の意味を考えることである。それは、しつこいほどどうでもいいことをていねいにていねいに描いているからなのである。それこそが情報なのである。

安っぽい恋愛ドラマのように、泣いているにもかかわらず鼻水も出ないような描写では何も伝わってはこないのだ。それは単に「泣きました」という事実に過ぎない。そんな事実だけで人の気持ちは動かない。

その点、北の国からは違った。

中ちゃんが奥さんを亡くしたときなんぞ、鼻水ぼたぼたであった。気がつくと、テレビを見ているこちらも鼻水ぼたぼたであった。

『北の国から』では「冷害」についても語られた。純の初恋というテーマを通して冷害を表現していたのだ。毎年続く冷害がどれほどどきつく農家の経営を圧迫し、それによって家族がどのように引き

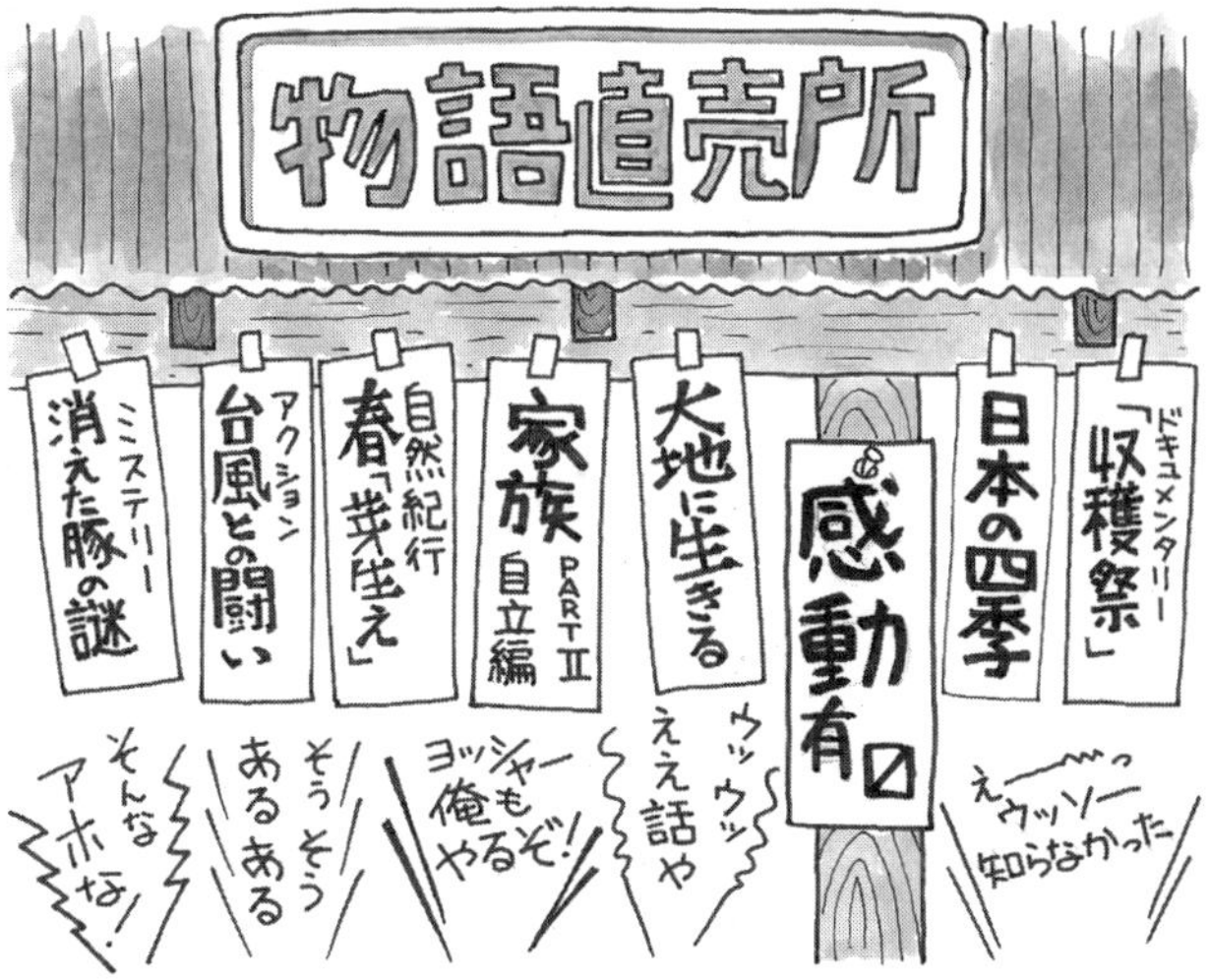

今、世の中が直売に求めているのは「物語」だ

裂かれていくのかをみごとに描いていた。冷害はきついきついと、気象データやら収量の数字やらを並べ立てられるよりも、純の初恋が引き裂かれてしまったことを描くほうが現実の「冷害」の問題として身につまされて、見る人に深い共感を生むのである。

長々と『北の国から』について書いたのにはわけがある。農業の情報を考えるときに、もっともふさわしい題材だと私は考えるからである。

今、世の中が直売の「農産物」に求めているのは、「物語」なのだ。それぞれの農家が、先祖から受け継いできた農地で生きているという当たり前の現実。一言ではとうてい語り尽くせないような長い時間。田舎ならではの厳しい因習やしきたり。反対に、田舎ならではの近所付き合いの人間らしさ。力を合わせて生きる地域社会、のびのびと広がる田畑、狭い狭い畑。山や川。すべてが実は物語である。

販売を目的としたホームページや直売所であったとしても、そこを利用する多くのお客さんはそこに物語を求めているのである。物語に共感したいのである。物語がない時代には、物語にお金を出して満足を買うのである。

私の本業のホームページでこんなことがあった。お客さんから、

「私は花巻に住んでいるのですが、どうして冨田さんは宮沢賢治が嫌いなんですか？」

とメールが来た。このお客さんは、うちのドライフラワーのレッスン会員さんであり、つまり上得意さんの一人だ。

私はホームページで、「おら宮沢賢治が大嫌いです」という話を書いているので、それを見たんだな。で、お客さんはそれがとても気になっていたそうで、

「冨田さんは宮沢賢治本人が嫌いなのではなくて、宮沢賢治の研究者とか、宮沢賢治が好きだという人が嫌いなんじゃないですか？」

と、続いていた。

まったくそのとおりなんだな。宮沢賢治関係の話はドライフラワーの商売とはまったく関係のない話なのだけれども、結果としてそれが商売につながってくることになるのだ。不思議だろ？　もちろ

ん商売を考えるならば、個人の好き嫌いをあまり出すべきではない。しかしながら、私のようにアクの強い人間だと、いったいどんな人間なんだということ自体が、多少の関心と物語性を持つこともあるから、そこそこの効果はあるのだなあ、と思うのだが。いかがだろう。

◆挨拶は情報交換の基本

というわけで、情報とは身の回りにあるこまごましたすべてである。情報とはお客の情けに報いるものである。読んで字の如し。で、情けに報いない失敗例をひとつ紹介しよう。

情報のもっとも基礎となるもののひとつに「挨拶」が挙げられる。挨拶というのは、出会った人同士の時間や空間、気分に対する「共通する認識、共感」があって初めて成立する。人間同士の付き合いの基本だ。

しかるに、コンビニを思い出していただきたい。国内のほぼすべてのコンビニで行なわれている挨拶は、

「いらっしゃいませー」

ではなくて、

「こんにちはー」

「こんばんはー」

挨拶＝「働く者同士のねぎらい」ダ

日本中同じ挨拶ではなさけない。やはり農家ならではの挨拶をしたい

のようであった。これはこれで、まあ、よしとした。

ところがここからが問題なんだけど、コンビニチェーンの本部ではおそらくはプロのマーケター（マーケティングの専門家）の提案を受け入れて、「いらっしゃいませじゃなくて、こんにちはと言いなさい」という社員教育でもしたんだと思う。その理由は、「フレンドリーさを演出したいなあ」と思ったからに違いない。で、これもまあ、勘弁できないこともない。

しかしである。

最近コンビニに入ると、

「いらっしゃいませーこんにちはー」

「いらっしゃいませーこんばんはー」

と、頭に「いらっしゃいませー」がくっつくようになったのである。これは、伊達市長和町であろうが、福井県小浜市であろうが、東京都港区赤坂であろうが、埼玉県川越市であろうが、全国的に、「いらっしゃいませーこんばんはー」なのである。こういうのは日本語とは言わないんだ。最近では外国人の店員さんが増えてきたので、こいつは外人さんかなと思って名札を見ると、なさけないことに日本人なんですな、これが。

これはいかなることかと考えた。つまり、従業員、いわんやアルバイトのお兄ちゃんやお姉ちゃんにとっては、たぶん挨拶なんぞどうでもいいことなんだな。言えと言われているから言ってるに過ぎない。で、親しくもない相手に向かって、いくらお客さんとはいえ、いきなりにこっと笑って「こんにちはー」とは言いにくかろうな、ということは容易に想像がつく。言いにくいから頭にこれまでどおりの「いらっしゃいませー」をくっつけたと、まあこういうことなんだろうな、と推測する。

こういう例は、ほかにもたくさんある。心がこもってない挨拶というのはつまり、血の通っていない情報なんだ。そこには共通の認識も共感もない。むしろ黙っているほうがお互いに気分的に楽でさえある。

今はすっかりなくなってしまったけれども、村の普通の店ではどうであったかというと、夏の暑い日であれば、

「いらっしゃませ。お暑うございますねえ」と挨拶し、突然雨が降ってきたら、

「いらっしゃいませ。通り雨ですね。ぬれませんでしたか。少しお休みくださいな」

くらいのことは普通に言えたものである。この挨拶の裏側には、うちのお店に来てくれてありがたいなあという気持ちがあったのだ。だからこそ、それが感謝の気持ちとなり、挨拶にも心がこもるのである。働く者同士の「ねぎらい」というものだ。それが挨拶であり、真の情報交換である。お客の情けに報いることである。人間らしい普通の会話が店の挨拶にはあった。今ではすっかり日本から失われてしまったけれど。

繰り返して申し上げる。

情報とは特別なものではなく、ごくごく当たり前の日常の出来事である。それをきちんと積み上げることが農業情報の発信とか、公開ということにつながる。商売の基本である。これは、ホームページだろうが、チラシだろうが、電話だろうが、ＤＭ（ダイレクトメール）だろうが、直売所の挨拶だろうがいっさい変わることはない。

4　農家のブランド力を持とう

◆ブランドとは

ブランディングというのは、ブランドを創ってゆくという意味だ。このブランドってものを考えてみたい。

ブランドとは、道行く若いおねーちゃんがほとんど例外なくぶら下げているヴィトンやらカルティエのバッグがたとえばそれである。どえらく高いくせに、ドバドバ売れており、中には援助交際などまでしてどうしても手に入れたいような代物であるらしい。

若いおねーちゃんを援助交際にまで走らせるほどの強力な「価値」がブランドにはあるのだ。

と、ここで気がつくのであるが、これらの若いおねーちゃんたちがぶら下げればぶら下げるほど、実はそのブランドの価値は下がっているのだという事実をどう考えればよいのであろうか。

かつて、女子高生は女子高生というだけでブランドであった。いかなるブランドかというと、それは、清純、清潔、純粋、純情、無垢といったいわゆる美しさとか若々しさの代表であった。昔は確かにそうであった。しかし、彼女らはまことに残念ながら、今は汚くなっちゃった。

「女子高生」と聞くと今では、不潔、不純異性交遊、ガングロ、ルーズソックス、水虫、病気などとまことにろくでもないイメージに成り果てたのである。わたくし冨田きよむには女の子がいなくて本当によかったと、今わが身の幸運に深く感謝するとともに、女の子をお持ちのご同輩に心からお見舞いを申し上げるところであるが。

で、話を元に戻すが、企業が長い年月をかけて創り上げたブランドというのは、それを消費する人間集団によって一瞬にして地に落ちるということもあるんだな。

そもそも、カルティエやらヴィトンを生んだかの地では、それらのバッグをぶら下げるのは社会的に高い位置にある、つまりは、ハイソサエティに属する階層であったのだ。ブランドメーカーは、社会的に低い階層や、若い階層に消費させることを前提に企業を運営してきたわけでは、間違いなくない。ところがどっこい、わが愛すべき軽薄日本は金にあかせてそれらのブランドを年端のいかないガキにまで持たせるような不見識な国家に成り下がってしまったのである。

世界中を探したって日本ほどブランドを拝む国はちょっとないんじゃないか?

ブランドの魅力が下がるというリスクを負いながら、外貨を稼げるだけ稼ぐという道をブランドメーカーはたどっているわけなんだな。

身につけるファッションの世界は、実用性よりも流行り廃りを重視する。本来ブランドとは、流行り廃りを超越したところに価値があるのだけれど、今はせっかくのブランドの価値が、全体から見れば少ない「粗悪な」消費者によって低下しつつある。

一方、実用的な分野で、カメラの世界はどうであろうか。デジカメであれ、銀塩カメラ（フィルムのカメラ）であれ、どれを買えばいいのかと聞かれたら、私であればニコンを買いなさいという。ニコンを薦めるにはちゃんと理由がある。まず第一に丈夫であること。物理的に頑丈であることは、機械である以上もっとも重要なことである。次に、一眼レフタイプであるならば、昔々のレンズが最新機種でも使えること。ほかのほとんどのメーカーは昔のレンズは使えないからね。次に、色の出方が自然であること。この三つの点でニコンはえらい。人様に推薦する以上えらいメーカーを薦めるのが当たり前だろう。それがブランドとしての大きなイメージである。ファッションの対極に位置するのが実用の世界のブランドかもしれない。

◆農産物は実用一点張りで勝負

さて、長々と一見農業とは関係のないブランド話を書いてきたのだが、それにはちゃんとわけがある。農作物は生命を維持するために必要不可欠なものであるがゆえに、実用一点張りである必要がある。

つまり、うまいかまずいかである。

これまでは、うまいかまずいかだけですんできた。いや、すませてきたというか、すませようとしてきた。で、これに「見た目」という商業的考え方が入り込んできたんだな。一九七〇年代のことだろう。流通の一方的な都合によって、農産物を買い叩くことを主目的とした「見た目の品質」を追求するという愚かな行為が蔓延し、それがいつの間にか当たり前になっちまってる。

今、それが大きな社会問題になってる。

たとえば農作物のブランドといえば、魚沼のコシヒカリであろう。だが、魚沼で生産されるコシヒカリの数十倍もの、話によっては百倍もの「魚沼」のコシヒカリが流通しているという。これは明らかに産地を偽っていると言われても仕方がないだろうなあ。苦労して苦労して、血の小便を流しながらコシヒカリを福井県から導入し、魚沼に根づかせ、うまい米に仕上げた先人の苦闘を商人たちが悪用しているのだ。農家よりも商人のほうがマーケティング能力が高いのは当たり前なんだけれども、本当にこのままでいいのだろうか、という疑問がフツフツとわきあがってくるだろう？

静岡のお茶というのも、やはりブランドである。魚沼のコシヒカリと同様のことがここでも行なわれているのだ。静岡産のお茶が半分入っていれば静岡茶と銘打ってもいいということになったらしい。お茶の加工業者は、こう言って弁解する。

「お茶というのはもともとブレンドが命。ブレンドすることが前提の商品である。ブレンド技術を評価せよ」

で、自前の製茶設備を持っているお茶農家に本当か？　って聞いたら、たった一言、

「あほらし！」

であった。

ブレンド技術などというのは、米も同様であるが、しょせん水増しの技術で使われる。どこかこそこそしているのだ。

消費者は、米にしても、お茶にしても、魚沼といえば魚沼の米一〇〇％であると信じるのである。静岡といえば静岡のお茶一〇〇％であると信じるのである。信じるべきだし、それを謳う以上そうで

あるべきなのだ。でないとそれは詐欺になる。

もしもブレンドによってうまくなるのであれば、他人が苦労して育て上げたブランドをかっぱらうようなまねはやめて、ブレンド技術の優秀さを強調したブランドを創ればいいのだ。欠点を打ち消して良いところを伸ばし合うブレンドであれば、正々堂々と胸を張ればよいのだ。

「魚沼のコシヒカリがうまい」というのは、これは日本人であれば共通して認識しているはずだ。もちろん、魚沼の米よりもおらのうちのほうがうまい、という人もたくさんいるはずで、わたくし冨田きよむもそれには深く賛同するものです。一握りの魚沼の米をほかの産地の米で水増ししたんでは、どこの米かわかったものではないね。で、しかも、もしそれがうまい米だとすると、魚沼の米がうまいのではなくて、他の産地の米がうまいのだという評価になるべきなのだ。

◆ブランドとは価値観の共有

ブランドというのが何か少し見えてきたと思う。つまり、ブランドというのは、生産する側と消費する側が同じ価値観を共有するというのが基本になるんだ。

ヴィトンというメーカーは丈夫で軽くファッショナブルな鞄のメーカーとしては秀逸である。誠実で優れた鞄メーカーでありたいと願い、それにふさわしいかそれ以上の努力を企業として続けてきた結果、多くの「物のわかる」消費者がその企業姿勢と製品を支持した。ヨットレースのアメリカズ・

何代にも渡って情報（物語）を提供して、ようやくブランドになる

カップの大スポンサーでもある。だからそのブランドには価値があるのだ。

ニコンも同じ。多くのプロ写真家、アマチュア写真家が使って使い込んでその結果をメーカーにフィードバックし、あるいはメーカー自身が積極的にテストを繰り返した結果、頑丈で、きちんと写って、昔のレンズも使えるというメーカーになったんだ。企業としての高い理念がなければできることではない。

米もお茶も本当は同じでなければいけない。先人が苦労して築き上げた産地としての優秀さを、今の農家がどれほど厳しく深く認識しているのかというのが、実は問われているのだ。産地には産地の物語がある。

ブランドを確立してゆくためには、目先の利益に走ることは決して許されない。現在の顧客がいかに満足できるのかを徹底的に追求しなくてはいけない。顧客には、何度も何度も何代にも渡ってその製品を選んでもらわなくてはいけない。製品の情報を徹底的に公開するだけでなく、どんな人が何を考えて、何に苦しんで、何を喜びとして、その製品作りに取り組んでいるのかを徹底的に公開し、伝えなければならない。そして何より良い顧客を選ばなくてはいけない。

個人のブランドを確立するには、信用がもっとも重要となる。その信用を担保するものが、豊富で正確で、かつ、すばやい情報の伝達である。ほかにはありえない。

参考URL

A　コシヒカリのそうえん農場　http://www.shimojo.tv/

B　お米の産直　橋本ファーム　http://www.farm-hashimoto.com/

C　お茶の香織園　http://www.kaorien.net/

D　お茶の千代乃園　http://www.yokaocha.com/

E　Nikon Imaging　http://www.nikon-image.com/jpn/community/works/200207/index.htm

5　消費者の構造と消費行動

◆消費者を四つに区分する考え方

さて、この辺から何だかもう少しマーケティングらしくなってくるんだけれども、聞けばなるほどと思ってくれるはずだ。

さっそくなんだけれども、左頁の図1をご覧いただきたい。アメリカのえらい先生が書いた絵なんだけれども、マーケティングの世界では必ず出てくる有名な図だ。先生によっていろいろな言い方をしているのだけれども、おおむねこういう構造になっているのだということを理解していただければそれでよい。

さっきブランドのところで「消費する人間集団」によってブランドの価値が決まると書いたけれども、そういうことを考えるときに使う図で、三角は消費者全体の構造を説明している。これは経済的社会階層とも重なる。要するに上から順にお金を持ってる。けれども、食品や農産物に関しては必ずしもお金のあるなしだけで語ることはできない。お金がなくても食べるものは食べないといけないからね。

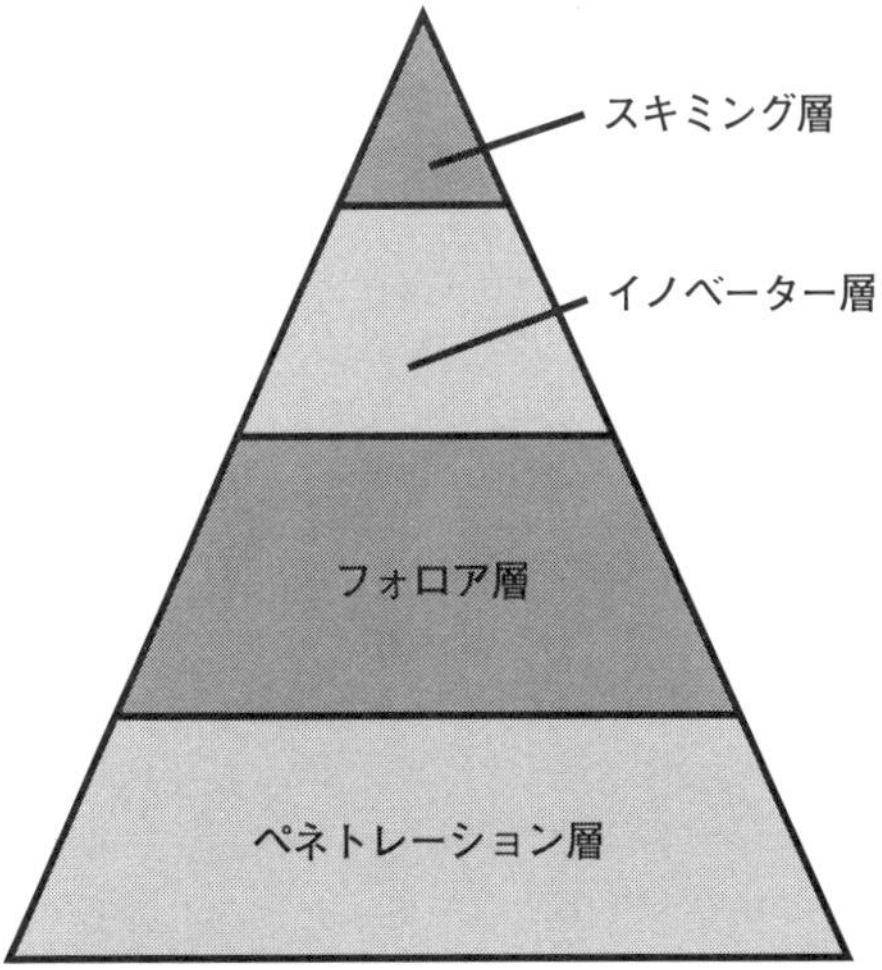

図1　消費者の四つの区分（セグメンテーション）

一番上に位置するのが、「スキミング層（ロイヤルカスタマー・上得意さんともいう）」、次が「イノベーター層（お得意さん）」、さらにその次が「フォロア層」、一番下で、一番たくさん存在するのが「ペネトレーション層」という。このように消費者を区分することをセグメンテーションという。「区別であって差別ではない」と先生は主張しているけど、やっぱり事実上の差別だよね。

で、これらの横文字の言葉はどうでもいいんだ。覚えるほどのことはない。けれども、各階層の特徴はおおむねつかんでおくといい。

◇スキミング層

値段に関係なく言い値で商品を買ってくれる。お金持ちの階層。全体の五％程度はこの階層に属する。うらやましい階層である。

買ってくれるだけでなくて、プレゼントにしたり、「あそこの何々はいいよ」と宣伝してくれる非常にありがたい上得意さんである。またこの階層は、「あなただけよ」、という宣伝に極めてよく反応してくれるのである。「上澄み層」とか「プラチナ」とも呼ばれる。

◇イノベーター層

スキミング層ほどのお金はないけれど、スキミング層の動向をいつも意識している。価格に対して非常に強い関心があるけれども、欲しい商品があれば多少の無理をしてでも購入する。お金を節約して、貯金して購入するような傾向も強い。全体の一五％存在するという。

スキミング層とイノベーター層を合わせるとおよそ二〇％であるが、実はこの二〇％の人口が小売業全体の利益の八〇％を叩き出しているのである。

この層に特徴的なのは、常に上の階層を意識しているのに、下の階層には目もくれないことだ。このことから研究者によっては、スキミング層とイノベーター層をひとつの階層とみなす場合もある。

◇フォロア層

貧乏ではないけれども、お金持ちでもない階層。上の階層のことも下の階層のことも、非常に気にする階層。この階層を簡単に説明すると、こんな夫婦の会話となる。

妻「お父さん。倉本さんのお宅この間プラズマテレビを買ったんですってよ。いいわねえ、お金持ちって」

夫「うらやましいなあ。けど、宮本さんのところは一〇年前に買ったテレビをまだ使ってるらしいよ。色がおかしくなってきたとご主人がこぼしていたよ」
妻「ねえお父さん。そろそろうちもBSデジタルの見えるテレビに買い換えない?」
夫「そうだな。電気屋に聞いてみるか」
とまあ、こういう階層である。
「倉本さん」よりは明らかにお金はないけれども、その動向は気になって劣等感を持つ。しかし、「宮本さん」よりは多少余裕があるので、いささかの優越感を持つ。で、消費行動はというと、プラズマテレビは買えないけれども、一〇年前のテレビよりはるかにマシなBSデジタルが見れるテレビ(ハイビジョンではないけれど)を買うという行動に出るんだ。
でさらに、同じ階層間ではどうなるかというと、競い合うのだ。
妻「お父さん。山下さんのお宅、掃除機を買い換えたんだって。軽くて使いやすいって奥さんが言ってたわ」
夫「それじゃ、うちも買い換えようか」
妻「もう買ってきたの。見る?」
とこうなる。プラズマテレビは買えないけれども、掃除機ぐらいならすぐ買えるんだな。
この階層の特徴は、非常に教育熱心であるということ。子供の将来に夢を託すのもこの階層である。

農産物販売でも、スキミング層の琴線に触れる販売を目指そう

教育に熱心であると同時に、環境問題や健康問題にも関心が深い。家計の中で子供関連の支出比率が増えるのを前提とした人生を歩む階層でもある。この階層は全体の三五%程度存在する。

◇ペネトレーション層

価格で動く。バーゲン、安売り、特売、タイムセール、景品、特典カードなどが大好きな階層である。全体の四五%程度がこの階層。最下層であるということで一番人口が多い階層。

消費の流れ、特に新しい商品や新しい販売形態の流れは、例外なく上から下に流れる。その逆はありえない。なぜならスキミング層やイノベーター層は下の階層の動向なんか眼中にないからね。

農産物の直売では、消費構造の中の全部を相手に考えることはないんだ。つまり、ペネトレーション層を相手にすることはないということ。もともと安いものにしか目がいかない人だけを相手にしていたんでは、適正な利益を求めることはできやしないから。

で、ペネトレーション層は、価格の情報以外にはほとんど関心を示さないのも特徴。だから、この階層に受けようと思うとえらいことになるんだ。で、農産物の直売では、安ければいい、食えればいいというこの最下層をターゲットにしてはいけない。ここに照準を合わせると、確実に経営が破綻する。ここで商売して生き残れるのは資本力があるところだけである。一番人口が多い層なんだけれども、それでも全体としては半分以下しかいない。

農産物の直売（直売所だろうがホームページだろうが）の場合、上の三つ、特に上の二つの階層をターゲットにするべきだ。とするならば、スキミング層の琴線に触れるマーケティングを行なうべきなんだ。スキミング層の人々は、付加価値もさることながら、その製品・商品の本質的な価値を厳しく吟味する傾向が強い。つまり、本物以外は買わないよ、ということ。

本物を売ることに関して農家が流通に負けるようなことがあるはずがない。万が一流通よりも劣るなどということがあるのだったら、そういうところは直売なんかさっさとやめたほうがいい。

本物の農産物というのはつまり、普通に正しく誠実に生産された農産物ということにほかならない。このジャガイモはこうやって育てました、ときちんとした情報を明確に公開して提供することがスキミング層の琴線に触れる第一歩である。

とにもかくにも情報である。あとで詳しく触れるが、直売所を畑の脇に作りなさいという理由もここにある。畑の脇にこぎれいに作って、田畑を全部見せるべきだ。

そこに来るお客さんはただ単に農産物を買いに来るのではない。何度でも言うが、スキミング層は、農業そのものを買いに来るんだ。つまり、作物にかかわるすべての出来事を買いに来るんだ。楽しみに来るんだ。この層にとっては農業は観光なんだ。人々を癒し励ますという大きな付加価値を求めに来る。現代においてはこれは付加価値ではなくて、ニーズから言うと、そっちのほうが本来の求められている価値かもしれないくらいだね。

再度繰り返しておくけれど、スキミング層を取り込むためには、とにもかくにも情報を出すこと。質も量も圧倒的にたくさんの情報を出すことに尽きる。そうすれば、イノベーター、フォロア層までの上顧客もおのずと獲得できる。

◆ペネトレーション層を相手にしてはいけないわけ

先ほど、ペネトレーション層は相手にするな、相手にしたら確実に経営は破綻する、と書いた。一番人口が多いこの階層は、マーケティングの世界では「負け犬」の階層とも呼ばれている。英語ではｌｏｓｅｒ（ルーザー）。で、これも差別ではなくて区別だというのだけれども、差別も区別もここまでくれば同じこと。

その一番多い「負け犬」層が、私たちがショップをやっている頃にどのような行動をしたのかを分析してみると次のようになる。この負け犬層がいやでショップをやめちまったと言っても過言ではないんだな。その行状とこちらの対応を書いておく。お客商売のクセにと言われるかもしれないけれども、我慢にも限界というのがあるんだ。冨田は短気なのでみなさんはもう少し辛抱強いかもしれないが、お客は一緒。覚悟して欲しい。

◇ケース一　質問だけの冷やかし

[客]

買う気もないくせに質問だけはたくさんする。しかし絶対に買わない。

[対応]

質問されても、生返事しかしない。腹の中では、さっさと帰ってくれと思っている。顔に出さないように気をつけるけれど、やっぱり出ちゃうな。

◇ケース二　商品をこねくり回す

[客]

どんなふうに作ってあるのかと、ドライフラワー商品をわしづかみにしてひっくり返して観察する。

［対応］

「お客様。壊れやすい商品ですので、触らないでください」

と、一応はていねいに注意するけれども、そんなことを聞くような階層じゃない。で、ついつい、

「あのさ。あなたがどんなパンツはいてるのか知りたいからといって、あなたのスカートをめくりあげたらあなたはどんな気持ちになりますか？」

などと口走ってしまうんだな。

◇ケース三　アイディアを盗む

［客］

ショップに入ってくるなり、

「ちょっと見せてくださいー」

と言う。要するにデザインをかっぱらいにきたんだな。ど素人がちょっと見たくらいで盗めるようなデザインじゃないんだけどね。

［対応］

一応、「ハイどうぞご覧ください」、というものの、腹の中では帰れ帰れと思っている。わざとＢＧ

Mをでっかくしたりする。

もっとひどいのになると、ショップに入りもしないでいきなり畑のほうに向かってずかずか入っていく。で、注意すると、何だこいつという顔をしてさっさと帰っちまう。

まだいる。

駐車場に車の灰皿をぶちまけていくバカモノ。

まだいる。

駐車場でガキに小便をさせるバカモノ。

で、これらの手合いというのは、一見して最下層であるというのが見て取れるんだな。車から降りた瞬間に、あ、こいつは買わないってわかるんだよ。で、ものすごく気分の悪い思いを何度も何度もしたんだ。女房はちゃんと親切に対応していたけれど、私はそんなに暇じゃないしつっけんどんにしていた。

以上、こういうお客さんもいるんだけど、相手にしちゃいけないよ、というアドバイスだ。

◆クレーム対応

こんなクレームの例もある。

地元の新聞に掲載されるとお客がどっと来るんだ。来るんだけれど、ろくでもないやつも来る。ホームページがテレビの人気番組で取り上げられたりしても、こんなふうにお客さんがどっと押し寄せることになるので、同様のことになる可能性がある。なかでも、四人で札幌からやってきたおばさん。わーっと、お買い物をした。バラのドライフラワーの花束を買ってくれた。そこまではまあいい。ありがたいことはありがたい。アレンジメントを買われるよりもハルカにうれしいからね。

三カ月後。

札幌消費者協会から連絡があった。色が変わってしまったので、返品したいとのこと。

そもそもドライフラワーというのは、自然素材であるがゆえに色が退色するのは当たり前。それを夏を挟んで三カ月も経ってから色が変わったからといって消費者協会に持ち込まれるなんざ、想定外の出来事である。

で、この消費者協会なる組織というのは、まことに不勉強というか、やる気がないというか、こちらの言い分をいっさい聞かないんだな。挙句の果てに、返金しないとおかしなうわさが立ちますよ、ときたもんだ。腹が立ってしょうがなかったけれども、よけいなことを言われるのがいやだから泣く泣く返金に応じた。このとき、もちろん返金するのだから先方の氏名・住所・電話番号を聞き、現物もすべて返していただくこと、その際の送料はこちらはいっさい負担しないことを条件とした。当たり前だよね。

ところがだ。

この負け犬層どもはなんとぬかしたかというと、

「プライバシーを教えるわけにはいかない」

あきれ果てましたね。当然こっちはめちゃくちゃ腹が立ってるので、

「では返金いたしません。どこの誰ともわからない人に、だめになったと主張されただけで、肝心の商品も確認しないでお金を返すバカがどこにいる！」と、怒鳴りましたのです。消費者協会でも矢でも鉄砲でも何でも持って来いと言いました。で、その負け犬層ども、消費者協会に行って、その旨告げたそうだ。当然消費者協会は、そこまでのバカではないので、冨田の言い分が当然である旨、諭したそうだ。当ったり前である。

とまあ、このようにルーザー（負け犬）層というのはその名のとおりの階層である。これはお金を持っているかどうかという問題だけではなくて、人間としての品質に極めて問題があるとしか言いようがないのだ。そういう階層は確実にいる。

差別的発言だと批判するならすればいい。いわれなき差別というのは許されないけれども、世の中には「いわれある差別」というのもちゃんとあって、その場合には原因を作った本人が悪いのだ。つまり自爆なんだ。

で、誤解を恐れずにあえて言う。

負け犬層を相手にしてはいけない。負け犬層をターゲットに値決めをしてはいけない。この負け犬

層はすでに見てきたように、買わないんだ。値段のことしか頭になく、モノを見る目などというものや、物の価値などに関心はない。

この手合いにいくら懇切ていねいに説明したり、情報を惜しげもなく提供してもまったく無意味である。

「人は変わる。」

というお気楽なエライ人もいるけれども、人間はそう簡単に変わるもんじゃない。特に三〇過ぎたらもうほとんど何をやっても変わらない。事実、わたくし冨田自身、たとえば部屋の掃除をこまめにやって、いつもすがすがしい環境でいようといくら決心したって、相変わらずお掃除なんか大嫌いだというのは、決して変わることがない。自分がそう簡単に変わらないのに、他人が変わるなんぞというのは信じられない。

要するに、負け犬層には来てもらいたくないんだ。お金を落としてくれるからこそお客さんである。お金を落とさないのならばタダの通行人に過ぎない。タダの通行人に、忙しいのに時間を割くほどばかばかしいことってないんだ。キモに銘じていただきたい。

その反対に、お得意さんになってくれる人というのも一目でわかるんだ。まったくよくわかる。そういう人は、たくさん買ってくれるので、ラッピングに時間がかかるよね。その待ってる間というのはむなしいから、

「お客様。お待ちいただいている間に、乾燥室をご覧になりませんか?」

と、水を向けるんだ。あるいは、

「バラのハウスをご覧になりませんか?」

などと誘うこともあった。

買ってもらったからというだけではなくて、自然に案内してあげたいな、という気持ちになるんだな。できればそういうお客さんにだけ来て欲しいと願った。心底願った。

しかし現実というのはまことに厳しく、特に、わたくしたちのところはドライフラワーだったせいもあってか、なんだか負け犬層ばかりがやたら増えちゃったんだ。これでは極めて神経に悪いので、二〇〇〇年の有珠山噴火を口実にショップを閉じちゃったんだ。

これは負け犬層に対する悪口である。事実であるし、自分のところに来ちゃった負け犬層のことなので、堂々と書いた。

直売をするときには必ずこういうろくでもない負け犬層が四五%程度は来ることをあらかじめ覚悟しなくてはいけない。この負け犬層に物を売ろうとするのは根本的に間違っている。農薬がかかっていようが、どこの誰が作ったか得体の知れない一〇キロ二九八〇円の米を平気で食うような連中をあなたは相手にしちゃいけない。この階層を相手にすると精神が荒れてくる。精神が荒れてくると本来一番大切にしなくてはいけないスキミング層（上得意さん）を全部逃がしてしまうことになりかねない。ご注意あれ。

6　上得意さんをつかむには

マーケティングの基本は、情報の共有である。つまり、コミュニケーションである。スキミング層に対するしっかりしたサービスは、商品や製品に関する豊富な情報提供だ。この情報の中には、商品や製品を生み出す過程のすべてと、生み出してゆく周辺のあらゆる情報が含まれるのだということをご理解いただきたい。

情報とは、出す側ではなく、受け取る側がその価値を判断するのである。こんなことは必要はないだろう、などと自分で考えるのは間違っている。具体的にいくつか例を挙げてみる。

【身の回りの出来事】

家を改築した、子供が生まれた、入学した、卒業した、結婚したなどの個人の情報に属することなど。

【農業に関すること】

新しい農業機械を購入した、トラクターを修理した、農機具の手入れをした。

畑おこしが始まった、堆肥を入れた、肥料を撒いた（肥料の成分と働き・効果なども詳しく）、農

情報発信では「こんなことまで必要ないだろう」と考えるのは禁物

薬を散布した（農薬の成分・商品名・濃度はもちろん道府県の散布基準などを明示）、草取りをした。

収穫が始まった、今年の出来はどうか、去年はどうだったかなど。

【周辺の出来事】

集落そろって用水掃除をした、祭りがあった、町内運動会があった、あぜ道の清掃作業を行なった、神社の改築工事があった、お地蔵さんの掃除を行なったなど。

【近くの観光地の様子】

今年の桜の開花情報、今年の紅葉情報、観光地の様子、温泉の様子、うまいお店の紹介、地元の人しか知らない景色のいいところ、道路情報など。

【昔の暮らし】

わが家の古いアルバム。先祖の話。爺さんやばあさんの話、古くからの言い伝えや習慣。

【わが家のレシピ】

忙しいときに役に立つ、野菜たっぷりのお袋の味を、作り方の写真つきの詳しいレシピに。

これをチラシやら、ポスターやらできればホームページにするんだ。簡潔にまとめて「通信」にしてもいいだろう。この「畑の通信」を買い物袋に必ず入れてやるのはすごく効果がある。

また、看板などにするのも面白いかもしれない。顧客名簿を引っ張り出してダイレクトメールという手もある。特に、収穫が始まったことを伝えるときなどに効果的だろう。スキミング層を獲得するには、とにもかくにも情報をきっちりと出すことに尽きる。

最近では嘘か本当かは別として（冨田は大いに疑問を持ってるけれど）大手スーパーなどにも、生産者の顔写真をでっかく掲示して販売しているところがあるそうだ。顔が見える、というアピールだ。チラシにすることやホームページにすることだけがコミュニケーションじゃないよ。むしろ、お客さんとの実際の会話の中に普通に、自然にそれらの情報が織り込まれるようになるのが一番なんだよ。

お客さんは直売所やホームページに農産物だけを買いに来ているわけではない。農産物にかかわる人間そのものに価値を見出している。つまり、友達になりたいと願っている。それが証拠に、町に暮らす多くの人が、一年に一回必ず同じ農家にリンゴ狩りに行ったりサクランボ狩りに、行ったりということが最近増えている。知り合いの役人さんは、

「うちでは毎年必ず、春にはサクランボ狩り、秋にはリンゴとブドウ狩りに、同じ農家の直売所に行くんですよ。そういう人って多いですよ」

と、話してくれた。それってグリーンツーリズムの原点なんだな。で、その人は、もうすっかり農家の親父さんや母さんと友達になっており、年賀状のやり取りもしているという。

都会に住んでいる人の癒しの場であるという意味で、農村には新しい役割が発生している。儲け云々も非常に重要であるが、この癒しの環境を作るというのも農業の使命になってきたようだ。そこにきちんとした情報があると、上顧客は友達を誘って何度も足を運んでくれるようになる。結果として儲かることになる。

とにもかくにも、情報を出すこと。日常の何気ない出来事のすべてが大切な農業情報なんだということをぜひともご理解いただきたい。

参考ＵＲＬ

Ａ　ＪＭＲ生活総合研究所　http://www.jmrlsi.co.jp/

Ｂ　ビッグローブ　ホームページ運営のツボ　http://www2s.biglobe.ne.jp/~bihaku/

第2章

商品の分類と値段のつけ方

1　商品の分類

農産物はすべて商品である。この当たり前のことを再確認しよう。何を今さら、という人もいるけれども、案外ここのところがきちんと認識されてこなかったように思う。

商品には「消費財」「生産財」の二種類、実務的には「中間財」を加えた三種類に分類される。ややこしいのでここは読み飛ばしてもかまわないが、基礎知識として必要なので多少は我慢して欲しい。

◆直売したら消費財

個人が家庭内で使うすべての商品を消費財という。テレビもラジカセもカーテンももちろんすべての農産物も消費財だ。

しかし、それらが、レストランやホテルなどで使われると「生産財」になる。「財」の区分というのは、商品そのものが持っている特性ではなくて、利用する人間の利用目的によって区分される。

消費財を購入するのは一〇〇％消費者である。つまり、「組織的」に購入するのではなくて、もっぱら個人の家庭内で使うために購入する。これは、合理的に考え抜いて購入するのではなく、気分、流行、好みなどもっとも多様なニーズを反映する消費行動である。

日本のように高度に市場が成熟してきた社会では、ニーズ自体が進化し（ニーズの多様化と高度化・高付加価値を求めるなど）商品に対する見方が厳しくなってきている。これは、いい物はいいと評価される時代だということで、農家にとっては極めて良いことである。

このように「わがままな」消費者を直接ターゲットにする消費財の販売の特徴は、次のように整理できる。

◇消費財販売の特徴

1　消費者のニーズを敏感に察知すること。

2　ブランドを確立しその維持に努めること。

3　直売所においては、陳列などに工夫を凝らし、陳腐化しないよう心がけること。

4　消費者のニーズに基づいた商品構成を心がけること。

具体的には、直売所やホームページで購入するお客の動向を見極めると同時に、適宜アンケートなどを行なって、あるいは直接の会話の中からのヒントを得るなどして自分のところに合った商品を考えるべきだ。

都会の「高い」と言われているスーパーマーケットなどに出かけてそこの陳列方法や、店作りなどをよく観察するのも勉強になる。そこで見聞きしたものをどうやったら自分の店で実現できるのか具体的に考えて行動を起こして欲しい。

◆市場に出荷したら生産財

中間財と生産財は区別しなくてもいいので一緒に解説するが、生産者（サービスなどの提供者も含む）が製品やサービスを生産するために使用する原材料や機械設備を「生産財」という。布を織るための原糸、自動車を作るための鉄板、スイートコーンの缶詰を作るためのとうもろこしなどは生産財である。

生産財を買う人は、例外なく企業である。ゆえに、購入動機は、経済的合理性が最重要視される。当然購買層も固定化される。このことから消費行動は安定していて、流行り廃りが少ない分野だと言える。市場原理が厳しく適用される財であり、市場占有率の獲得など新たなマーケティング手法を必要とする分野である。

農産物の直売は、消費財として販売することになり、市場流通に乗せるということは、生産財として販売することになる。

生産財を効率よく販売する、つまり市場での流通を合理的にそして有利に行なうためには、次の点が必要不可欠だ。で、大変な労力が必要となる。

◇生産財販売の特徴

1　顧客に直接アプローチできる組織作りをする。

2　顧客の個別的に抱える問題（コスト・効率・流通経路など）を解決するために、独自の企画提案力を持つ。
3　業界・顧客に対する深い知識を持つこと。
4　新規顧客を常に開拓すること。
5　顧客との良好な関係を維持し、顧客の固定化を図ること。

農産物を生産財として市場流通させている、たとえば農協がこういう努力をするのは当然である。この場合の顧客というのは、市場関係者だったり、大手スーパーなんだけどね。

2　値段のつけ方

◆生産原価

さて、ややこしいお話をやっつけた後で、極めてシビアなお話になる。

これについてはかなり多くの人がめちゃくちゃな価格をつけたがゆえに、自爆しているのをよく目にする。

農家は往々にして、売れ残ったら困るというんで安めに値段をつける。売れ残ったらというよりも、売れなかったら困ると思ってるんだな。

ここでひとつはっきり言っとくけど、安くたって売れないものは絶対に売れないし、高くたって売れるものはどんどん売れるんだ。今の世の中、不況だ不況だというけれども、国民の大多数はそこそこ銭持ってるんだ。特にわれわれがターゲットにする階層のお客は明らかにお金を持ってる。高い安いで買うか買わないかを決める人たちを相手にしてはいけないのだ。

物には適正な価格というのがある。適正な価格というのは、生産原価に適正な利益を上乗せしたときに初めて得られるんだ。

そこで、まず生産原価について説明する。そんなことお前に言われなくたってわかってるよ、という人はここは読まなくてもかまわない。

生産原価とは、農家の場合に限定して解説すると次のようになる。

◇生産原価の内訳

1　直接原価

種苗費、土壌改良剤、農薬、肥料、生産資材費、人件費、借地料など原価の元になる経費。

2　製造原価

直接原価に、農機具・農業施設などの減価償却費、電気・水道・灯油代金などの製造間接費を加えたもの。

3　総原価

製造原価に、事務手数料、支払い金利、運賃、通信費、交通費、集金手数料などの一般管理費を加えたもの。

と、まあ、ここまでは見当がついていると思うんだ。ところが、この総原価を元にして販売するケースが非常に多い。これでは絶対に儲からないんだな。

◆販売原価（生産原価＋農家の存続経費）を元に販売価格を決める

ナンデかというと、総原価はあくまでも、その商品を「生み出すことに必要な原価」であって、未来に向かって農家を「安定的に存在させるための経費」を見ていないからだ。たとえば、農産物である以上、天然自然の気象条件に大きく左右される。作物のでき不出来は当然でる。それを補償する制度もあるように見えるけれども、事実上ないに等しい。所得補償をするような共済保険などないからである。つまりありていに言うと、総原価に農家の企業としての利益を加えた「販売原価」を元に、販売価格を決めなくてはいけない。

特に直売所を経営する場合、そこいら辺の軒先での無人販売であれば何もややこしいことを言う必要はないので、ここでは問題にしないけれど、ある程度そこそこの経費をかけて、人を配置して行なうような直売所の場合には販売原価は無視できなくなってくるんだ。

当たり前だけれど、販売原価以上で売らないと直売所としての利益が出てこない。ここのところを忘れている人がほとんどである。

直売所の経費を生産段階の総原価に入れてしまう、という考え方もあるけれども、それはいかがなものか。

生産段階で出る利益と、販売で叩き出す利益をきちんと区別して計上しないと、果たして利益があがっているのかあがっていないのかの判断がつかなくなってくるはずだ。部門部門できちんと収益や経費を切り分けしないと、つまりそればどんぶり勘定となって決して長続きしないだろう。

さて、そったらコ面倒くさいこと計算してられっかよと、お怒りのあなた。そう、あなた。あなたのお怒りはごもっともなんだな。だって、そもそも農家というのは立派な作物を作って完結するべきプロの仕事なんだよ。そのプロがだね、販売というこれまたプロの仕事に首を突っ込む以上、怒りを静めて、お付き合いいただくほかはないんだな、これが。

と言ってしまっては身もふたもないし、そもそもこの本の目的とする、簡単お手軽という大目標からはずれることになるんで、簡単な計算方法をお教えする。

簡単に計算する方法なので、各自これに合わせて再度計算をし直していただきたい。冨田がこう言ってるからこの値段にしたなんて言いっこなしだよ。

◆価格設定の考え方――米の直売の場合――

産直で一番取り組みやすいのが米だろう。ここでは、全量自分で販売する場合を想定して計算する。

想定条件設定を、

作付面積は六町（六〇反）。

コンバイン、トラクター、乾燥機など標準の装備があるとする。

平均収量を、一反当たり精米後四三〇キロとする。

一反当たりの直接原価を六万円（全国的におおむねこんなものらしい）、減価償却費や間接製造費は二万円、一般管理費が一万円として計算してみよう。

（1）**直接原価**

六万円×六〇で三六〇万円。

（2）**製造原価**

二万円×六〇で一二〇万円。

これに直接原価の三六〇万円を足して、四八〇万円。

（3）**総原価**

一万円×六〇で六〇万円。

これに製造原価の四八〇万円を足して、五四〇万円。

五四〇万円がおおむねの生産原価ということになる。おおむね一反当たり九万円ということだ。

もし販売価格がこれだと生活はできない。そこで企業としての利益分（生活費や、冷害や天候不順のときのリスクヘッジ）を一反当たり二〇万円上乗せると、五四〇万円＋一二〇〇万円で一七四〇万円という数字が販売原価ということになる。

後は割り算。

四三〇キロ×六〇で二万五八〇〇キロ。

一七四〇万円÷二万五八〇〇キロで、一キロ当たりの販売原価は六七〇円となる。

というわけで、一〇キロ当たりでは六七〇〇円で販売すればいいことになる。

この数字を見て何か思いつかないだろうか。そうなんだ。小売店で販売されている価格というのが実はこの数字なんだな。

ということはですな、農家の手取りというのは、実に生産原価だけだということ。暮らしに直結する利益の部分がモロに流通に掠め取られているということが奇しくも判明しちゃったわけだな。この数字は消費者も知るべき数字なんだよ。生産原価だけで販売しているから、いまだに冷害のときに離農が増えるんじゃないのか？　あるいは、安心して後継ぎなんかできない理由はここにこそあるんじやないか？

この数字なんだもん、世間様並みの所得なんか期待するほうがどうかしてないか？

◆販売原価を抑えるには利益を減らすしかない

もしも販売原価を抑えようと思ったら、直接原価や製造原価に手をつけるのではなくて、利益分を減らすしかない。リストラで何かを削るとか、首切りをするという発想は農家の場合難しいから、普通は純利益の分を削るしかないからだ。直接原価に手をつけて、硫安一俵で作ってしまう恐るべき低コスト稲作もなくはないらしいが、ここではそれは論じない。

で、試みに販売原価の中の利益に相当する部分を一五万円にして計算してみよう。

一反当たり一五万円の利益だから、六町で九〇〇万円。

製造原価五四〇万円＋利益九〇〇万円で一四四〇万円が販売原価となり、

一四四〇万円÷二万五八〇〇キロで、

一キロ当たり五六〇円、

一〇キロ当たりでは五六〇〇円ということになる。まあこのくらいだろうね。

おおむね一反当たり一三万円から一八万円の間の利益が適正利益となるだろう。このくらいの収益があがると、「企業」としてのリスクヘッジ（内部留保）をしながら、将来を見越した経営ができるだろう。

流通に持っていかれていた利益を消費者と生産者が「半分こ」すればいいのだ。

誤解を恐れずにもっともっと大雑把に言うと、これらの試算から言えるのは、適正な販売価格は生産原価のおおむね三倍から四倍の範囲になるということなんだ。

前の例で言えば、生産原価は一〇キロ当たり二〇九三円だから、五六〇〇円で約二・七倍。六七〇〇円だと三・二倍になる。

で、この試算はあくまでも大雑把な計算なので、こういう「考え方」なんだということをとにかく理解していただきたい。

トラクターを長く使って減価償却が終わるところと、新規就農で全部一式新品を買っちゃったところでは生産原価は大きく異なる。だから本来は販売原価も大幅に異なるはずなんだけれど、販売価格には「相場」というのがあって、たとえば米一〇キロが一万二〇〇〇円で売れるはずがないよね。つまり、大きな経費をかけたときには、当たり前だけれども、販売利益が大幅に減少する。

と、これが販売価格のからくりなので、販売価格を決定するときにきちんと計算しておかなくてはいけないわけだ。

3　価格設定の失敗例

物の値段というのは、単純に決められるものではない。特に農家が直接販売する農産物については、厳しく吟味を加えないと後でえらいことになる。机上の議論ではなくて実際の失敗例を見てみよう。

◆販売原価を割って卸した冨田の失敗

私の本業は、現在は諸事情あって中断しているが、バラを中心としたドライフラワーの生産と販売である。当初、専門店などに素材としてバラを卸していた。このときの「メーカー希望小売価格」は一本二〇〇円に設定して、卸値は注文数に応じて五五％から七五％にしていた。

つまり、一本一一〇円から一五〇円。むろん送料は先方負担である。これを三年ほどやった。注文は増え、そこそこ順調に推移しているように思えたが、それが儲からないのだ。食うのがやっとという状態。

なぜなら、二〇〇円という価格は「販売原価」の数字だったからである。直接自分のショップで販売しているときには、この金額で適正に近い利益が生まれたのであるが、卸に五五％から七五％で出すと、当然大幅に販売原価を割り込むことになった。つまり、利益を減らしてというか、赤字で販売していたんだな。で、三年で卸売りから撤退した。

撤退した理由は、利益率の低さということもあるのだけれど、売れるも売れないも人まかせというのでは、自分で販売していることにならないと判断したからである。

バラのドライフラワーを素材としてのみ販売することに限界を感じていたので、女房が作る商品を当初から販売していたこともあって、作品販売の部門を伸ばすことを考えた。幸い、ホテルや空港で非常に好評であったため、作る端から売れていった。自社ショップの売り上げもそこそこに好調になった。

生産力を上げるためにスタッフを雇い入れた。販売額は年間四〇〇〇万円を超える水準になった。しかし、それでもまったく儲けが出ないのである。スタッフの給料と、月の返済やら維持費を支払ったらすべて消えた。やはり価格の設定を間違えていたのだ。

アレンジが売れに売れたとしても、ナンデ赤字になるのかを説明しよう。

まず、ここに直径二五センチのドライフラワーのリースがあるとする。そのリースは一人が一生懸命に作って一日に三個しか生産できない。当然人件費や製造間接費だけで、五〇〇〇円程度かかることになる。そこに、花材の原価、箱代、送料などを加えると、生産原価は七〇〇〇円を超える。

実際には、それに利益を一〇〇〇円程度上乗せして自社ショップで八〇〇〇円で販売すると、利益が十分に出ていた。

けれども、卸になると、やはり五五%である。つまり四四〇〇円で売る。そうなると、生産原価さえ割り込んで三〇〇〇円近くの赤字になるのだ。

要するに、たとえ卸価格であっても、販売原価を割り込んではいけないのであった。それに気がつくのに実に二年ほどかかった。一つ売るたびになぜか赤字が出るのである。スタッフの給料分も出ない。その穴埋めをどうするかというと、女房が深夜までただ働きをするしかなかったわけである。

販売価格を一万三〇〇〇円程度に設定すれば十分な利益が出たのであるが。ここで考えていただきたい。直径二五センチのリースを一万三〇〇〇円で買う人がいるだろうか?

アレンジしたものには付加価値がつくのは当たり前である。しかし、商品には適正な価格というのがあるんだ。現実の適正価格のほかに、「見た目の適正価格」というものがある。

すべての卸をやめるときに、かなりいろいろ叱られた。売れているのにやめられては困る、とずいぶん言われた。しかし、

「このままでは女房を殺してしまう」

と、すべての卸から撤退した。そもそも、一日の生産数からいって八〇〇〇円では割に合わなかったのである。しかし、だからといって一万三〇〇〇円で売れる商品でもなかったのである。おそらく見た目の適正価格は一万円ぐらいだったのだろうと思う。それを八〇〇〇円で売るのだから売れて当た

り前といえば当たり前なんだな。

で、現在はというと、すべてレッスンの収入である。レッスンというのは、ひとつデザインを起こせば、一〇〇〇だろうが二〇〇〇だろうが（そんなに生徒はいないけれども）販売が可能である。ひとつの作品がひとつしか売れないのと違って、ひとつ作ればそれが一〇〇〇にも二〇〇〇にもなるのだ。今、世の中には自分で作ってみたい人があふれている。どこかに出かけて習うという需要も大きいけれど、時間や予定に縛られない通信教育にも大きな需要があるのだ。

というわけで、卸売りをしていたときに比べると売り上げは半分以下になったけれども、利益率がいいので、今では儲かっている。

◆売れ残りが怖くて安くした橋本さんの失敗

米の販売である。福井の橋本さんはホームページと地元での直売で、現在はすべて自分で販売している。直売を始めた当初、売れ残るのを心配して、あるいは売れるかどうか未知数であったため、あのコシヒカリを一〇キロ四四〇〇円で価格を設定した。この価格では経営として成立しないというのは、前項をお読みいただければ理解していただけるだろう。

で、ここからが問題である。

割に合わないのであれば値上げすればいいだろう。ところが、値上げというのはやってみるとわか

適正な利益を上乗せしないと、売れれば売れるほど苦労することになる

るけれど、事実上不可能に近いのだ。橋本さんは八町歩ほど米を栽培しているので、収量はおおむね三五トン程度。つまり、一〇キロ当たり五〇〇円値上げするだけで、純益として一七五万円が叩き出せるんだ。同じ仕事をして一七五万円余分に収入が上がることになる。

その点、新潟の下條さんはちゃんと計算しているので、コシヒカリ一〇キロ当たり五八〇〇円で販売している。もちろん送料別だ。橋本さんと比較してほとんど同じ反別をほとんど同じ経費と手間で栽培しているけれども、利益は、一〇キロ当たり一四〇〇円もの差となる。総利益では、なんと五〇〇万円もの差になってしまう。この差は笑いごとではすまされない。

橋本さんは現時点でものすごく後悔していて、何とか是正しようと努力を続けている。値上げの努力というのはそれはすさまじいものだ。

そもそもホームページで注文してくれるお客は、橋本さんの奈良のお水取りにつらなる名水米、「まいらいく」を値段で買うお客ではないのだ。送料を負担してまで買ってくれるお客だからね。それなのに一〇キロ送料八〇〇円を加えてもまだ普通より安い値段に設定してしまった。

値上げというのは実に難しいのだということと、原価計算と適正な利益を最初にきちんと考えないと、売れれば売れるほど差がついてくることをキモに銘じていただきたい。

◆原価計算を間違えた朝倉さんの失敗

梨と栗の農家である。ほぼ全量を直売でさばいているのだが、娘さんがお菓子作りに取り組みたいと、試験的に販売をしてみた。もちろん量的にはたいしたことはないのだ。会員頒布という形態である。

で、梨のタルトケーキを販売した。

娘さんは一日がかりで原価計算をしたらしい。お母さん（朝倉さん）は、娘だからと、梨の価格を実際に販売している価格よりも安く設定したそうだ。で、娘さんも、会員さんに負担をかけたくないとの思いで、自分の人件費を計上しなかったそうだ。箱やケーキの包装にも気を遣って、かわいらしいパッケージも考えた。

値段は送料込み二〇〇〇円。

これはこの段階ですでに赤字が決定しているのである。もちろん会員頒布なので、試験的販売というか試作品という枠で考えるべきなんだけれども、試作品であるがゆえに、きちんと原価計算をしなくてはいけない。電気代や、ガス代などちまちましたことはしっかりと計算したようだ。小麦粉の代金などもしっかりと計算したようだ。しかし、もっとも重要な、梨と、人件費と、オーブンなどの減価償却費の計上を怠っているのである。

つまり、一日にいくつのタルトケーキを生産できるのかという根本問題が抜け落ちているのだ。先ほど私の実例でもご説明したように、一日朝から晩までかかって六個程度しかできないケーキであれば、一個当たりの人件費だけで三〇〇〇円を下回ることはないのである。

つまり、直接原価の段階だけですでに一〇〇〇円以上の赤字なんだな。で、さらに悪いことに、お母さんは気をきかせて、梨の値段を安くしている。

これはいけない。

本格的に生産が始まると大量の梨を消費することになる。つまり、梨園の収入が減ることになるんだな。梨園の収入を減らした分はケーキで採算を合わせればいいという考えが間違っているのは、原価計算のところで説明したとおり。ここは切り分けして考えないといけないいんだ。

特に農家は、この辺の感覚が甘いので注意すること。さらに、たとえば梨の貯蔵についても、単に煮るだけではなくて、ブランデーで煮るなどしておくと後々の加工段階での手間が省けると同時に、付加価値もつくね。そのためには新たな仕入れとか設備が発生する。その経費も当然原価に跳ね返るんだ。

朝倉さんのところの失敗は、橋本さんよりもさらに深刻で、直接原価で販売してしまったところにあり、その直接原価には人件費さえ含まれていないということになる。試験販売でよかったものの、このまま走ったら大変なことになるところであった。安ければいいというものではない。

◆価格の決定で後悔しないために

このように、農家の多くが価格の決定で後悔していることが多い。適正な利益を得るということは、決して必要以上に儲けようということとは違うのだ。商品にはそれに見合った価値がある。価値とは金銭と交換できるものだ。

で、商品の持っている本来的な価値と、金銭上の価値が等しい場合「等価」となるのだけれど、残念ながら等価交換されているのは一部のパチンコ屋くらいなものである。

現代は価格破壊の時代といわれる。これは一見良いように見えるけれども、実は大量の首切りの上に成立していて、先のないデフレの状態というのははなはだ不健全である。

等価交換を目指すためには、その商品の生い立ちや生産中の情報や、とにもかくにも大量の情報や物語がなくては実現されない。と、同時に、物には本来的に持っている「見た目の価値」というのが厳然としてあるので、それと実際に自分が取り組んでいる商品作りのうえでの価値を一致させる努力が必要になるのは当然のことだ。

「見た目の価値」と「実際の価値」があまりにもかけ離れているような製品は「商品」とは呼べなくなる。

私のところのドライフラワー製品が「商品」たりえなかった理由はここにある。ドライフラワーはほとんど工芸品であるにもかかわらず、工芸品のように長期間鑑賞できるものではない。いいとこ半年である。この寿命の短さゆえ、「工芸品としての価値」はないのだ。よって、等価交換の原則から外れたのが、儲からなかった大きな原因なのである。

参考ＵＲＬ

A　Farmers Basket　http://www.farmersb.com/
B　お米の産直　橋本ファーム　http://www.farm-hashimoto.com/
C　朝倉梨農園　http://www.asakuraya.com/
D　コシヒカリのそうえん農場　http://www.shimojo.tv/

4 顧客分析と商品分析

実は、顧客分析とか、商品分析とかという手法を聞いたことがないという普及員さん、それも専技さんがほとんどだという現実にぶつかって、わたくし冨田きよむはビックラこいたのでございます。つまり、わたくしは、実はマーケティングの専門家などではないのであって、自分の失敗とか、成功とかから学んだことを後になって書物やらインターネットで確認して、「ああ、こういうことだったんだな」と理解したのだ。

で、生活担当の普及員であれば、あるいは流通担当の普及員であれば、これはもう当然のようにこのへんのことについて専門の知識を持っていらっしゃるのだと思っていたのだ。

ところがどっこい。

いわゆる農業マーケティングの世界には、顧客分析やら商品分析などという手法など存在しなかったんだ。そりゃそうだろうなあとも思う。だって、基本的には産地形成と系統や市場への出荷しか考えてこなかったのだから、作物を商品としてとらえる視点がないのは当然といえば当然かもしれない。

というわけで、農産物を商品として考える基本を説明しようと思う。

この考え方はいろいろ発展させて使えるし、顧客分析や直売所の商品構成などの分析にも使えるので、覚えておくと便利だと思う。

で、詳しく書くとまた本一冊分になる。素人がそこまでやる必要はないので、おいしいところだけのエッセンスを解説しよう。

ほんのさわりだけで恐縮であるが、これまで農業マーケティングにまったく欠けていたのがこの「分析手法」である。それが証拠に、専門技術員さんたち向けのとある講習会で、図2、図3のようなチャートで商品分析と顧客分析をしたことがあるか、と聞いたら、全員初めて見たということでびっくりした。昨年のことである。

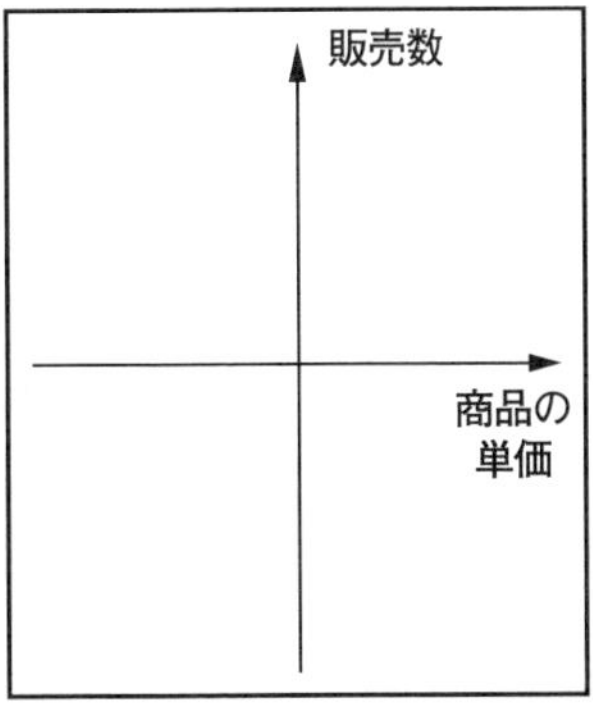

図2　商品分析チャート

◆商品構成の分析法

たとえば直売所で、現行の客一人当たりの売り上げ（客単価）が一〇〇〇円だとする。これを、なんとか二〇〇〇円にしたいと思うときには何をどうすればよいのか。こんなとき、図2のようなチャートが役に立つ。きっちり正確に作る必要はない。

商品分析の場合、縦軸に売れた数、横軸に商品の単価をとる。上に行くほどたくさん売れて、右に行くほど高い商品になる。売れ筋も把握できる。いちばん利益の多い商品構成を分厚くするように、しかし、高価な商品と同時に低価格帯の商品構成もこのチャートを元に考えればよい。

たとえば米が主力の場合、一〇キロ単位で販売するのでは客単価は上がらない。仮に、米以外の作物を導入する手間がない場合は、米を一キロ、三キロ、五キロ、一〇キロの四種類にする。これだけで、商品点数は四つになる。さらに、異なる品種の米も置くと八つになる。普段コシヒカリを食べているんだけれども、一キロ五〇〇円だったら、たまには「有機米きらら三九七」も試してみようかなというお客さんもいる。商品バリエーションを見直すというのは、こういうことだ。このように商品を見ないと、どのように商品構成を考えればいいのかという基準がなくなる。基準となる指標がなければ試行錯誤を繰り返すことになって、結局は徒労に終わる結果になりかねない。

◆顧客の分析法

顧客分析の場合は、縦軸に購入数、横軸に購入金額をとる（図3）。この図から読み取れるのは、自分の顧客がいくらの商品をどのくらい購入しているかという点だ。図のAが上得意さんつまりスキミング層なんだな。しかし、通常一番多いのはBとC。Dは一見さんで深い「えにし」はないので、今後に期待するということで、まあとりあえず横に置く。CをBに、BをAにするためには、たとえば購入機会を増やせばよい。購入機会を増やすためには商品バリエーションを増やす必要が生じる。

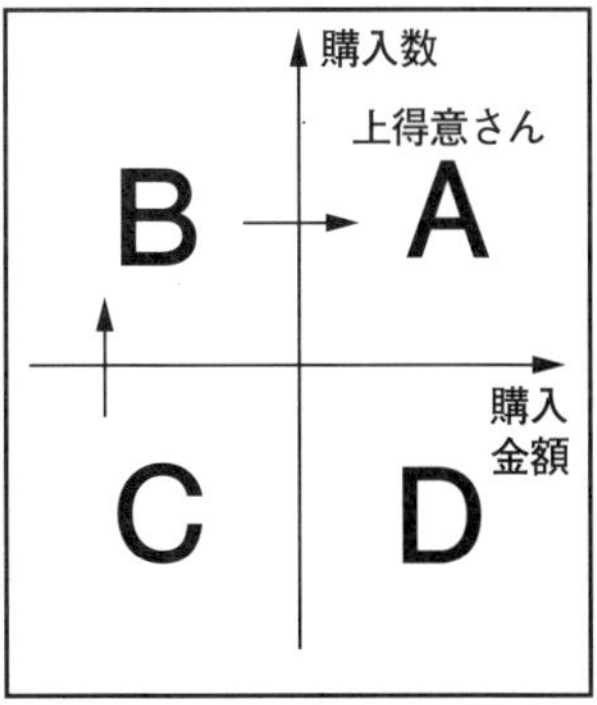

図3　顧客分析チャート

そこで、先ほどの図2が必要になる。

そのほか、縦軸に居住地までの距離をとり、横軸に購入回数を入れると商圏の分析ができる。自分の直売所に来るお客さんが住んでいるエリアはどれぐらいの範囲かというのがわかる。こんなふうに、縦軸と横軸をいろいろ変えてみると新しい視点で自分の経営が見えてくる。いろいろと試していただきたい。

この二つの図を元に、自分の直売所やホームページでの販売の実態を把握するんだ。で、足りない部分を補うにはどうしたらよいかを考える。自分のところの商品だけでは足りない場合には、別の作物との抱き合せ販売などまで視野に入れる必要もある。

第3章

商売の基本と責任の取り方

1　農家はメーカー

まずは、電話のかけ方だ。

何を今さらこうるさく七面倒くさいことを、なんて怒らないでいただきたい。相手が個人のお客さんでも、企業のお客さんでも電話の応対で決まることって多いんだ。

どんな会社に入っても、最初にまず電話の応対を厳しく叩き込まれる。電話に出た人の印象が、その会社の印象を決めてしまうからだ。つまり、電話に出る、あるいは電話をかけるということは、本人が意識しようがしまいが、その会社や組織を代表するということになる。

◆「父さんなら畑に行ってるわ」はダメ

ちょっと悪い例を再現してみる。笑っちゃダメだよ。

妻「はい、○○です」
客「私○○商事の××と申しますが、社長はいらっしゃいますか」
妻「ああ、父さんなら畑さ行ってるわ」
客「いつごろお戻りでしょうか」

NG
父さんなら畑さ行ってるわ
いつ帰ってくっかわからないねェ
Good
あいにく社長は畑に出ております
帰り次第お電話をさしあげます

農家はメーカーだ。電話に出た人の印象が、その会社の印象を決める

妻「いやあ、いつになっかわからないねぇ」

これは、実によくある。この段階で、すべてが見える。ただ暮らしていくだけだったら、これだって別にいいんだけど、この場合、もう二度と電話はかかってこないかもしれない。なぜって、相手はプロ以外と仕事をする気がないからである。私であれば、よほどのことがない限り二度と電話などしない。

◆きちんとした電話の受け答えの例

しからば、どう応対するべきか。

妻「○○です」

客「××商事ですが、社長はご在社でしょうか」

妻「お世話になっております。あいにく社長は畑に出かけております。帰り次第お電話をさしあげましょうか。お急ぎでしたら、呼んでまいりますが」
客「では、お帰りになられましたら、☆☆までお電話を頂戴できますか」
妻「かしこまりました。社長は存じていると思いますが、念のためお電話番号をお知らせください」
客「では○○○—二二二—一一一の☆☆までお願いいたします」
妻「かしこまりました。ご伝言を申し伝えます。お電話ありがとうございました」

と言って電話を切るのだけれど、ご存知とは思うが、この場合相手は目上となる。したがって、相手が電話を切ったのを確認してからこちらが切る。

もちろん相手が顔なじみであれば、もっと気楽でもいいし、そのほうが親しみが伝わることもある。けれども、すべて基本ができてからの応用だ。

相手の気持ちを先回りして、相手が何を伝えたいか、何をして欲しいかを推察する。相手が言ったことだけにしか反応しないというのでは、「ガキの使い」と同じことである。必要以上にへりくだることはないけれども、ていねいに受け答えしなければいけない。

残念ながら、このガキの使い状態のところが実に多いのは事実である。

◆初対面のお客さんの例

もちろん一般のお客さんからの問い合わせにもていねいに応対する。

妻「○○です」
客「あのう、ホームページを見たんですけれども、日曜日もやってますか」
妻「はい日曜日も朝一〇時から夕方六時まで営業いたしております」
客「わかりました」
妻「どちらからお見えですか」
客「札幌です」
妻「それは遠いところをわざわざありがとうございます。お気をつけてお越しください。お待ち申し上げております。お電話ありがとうございました」
というふうにやる。必ず「お電話ありがとうございます。お待ち申し上げております」ということ。
こう書くと販売マニュアルを作っているようでけっこう悲しくなるけれど、実はここいらが直売のノウハウでもあるんだ。
この本の最初のほうで書いたけれども、コンビニ店員の、
「いらっしゃいませーこんばんはー」
「いらっしゃいませーこんにちはー」
というようなあほらしいマニュアルとして受け取らないで欲しい。先方への気遣いをくれぐれも忘れないように。

電話の練習をしよう。すらすら受け答えることができるようになろう。できれば、ご両親や子供さんにも練習させて欲しい。

◆「農家のすることだから」に甘えるな

本来は、営業などの世界に農家が足を踏み入れなくてもやっていける時代ならいいんだけど、今はそうなっていない。要するに、自分のものを卸売り・小売りするということは、相手から一人前の会社として見られるということだ。生産者であるということは、一般的には生産業者・製造業者、つまりメーカーということである。

意識のうえで、「農家」というのと、「メーカー」というのとでは、これはえらい違いである。「農家」ならば、さっき書いたような悪い見本の電話の応対でもいいのだ。しかし、「メーカー」であるからには、一般的な会社と同様の電話の応対をする必要がある。

それと、一般のお客さんや取引先にしてみれば、農家が経営していようが誰が経営していようがそんなことは何の関係もない。その商品に魅力があるかどうかがまず問われる。またそうあるべきだ。「農家のすることだから、多少の行き違いや非常識は勘弁してくれ」という人もいるかもしれない。違う。そんなことでは絶対にいけない。

生産者が直接販売しているということは、「うちは農家の直売だから」というような表に出る言葉だけで伝えるべきではない。むしろ、お客さんや取引先が、「イヤに詳しいと思ったら、そういえば、農家だったんだな」と後になって気がつく程度がいい。で、さすが生産者は違うよなあと思わせるのは、つまり、情報の量と質、それと製品や商品が本物かどうかである。

どんくさい応対やあか抜けない素朴さや田舎くささで、農家だと悟られるようではいけないんじゃないかなと思う。みなさんはどうお考えか。

2　リスクの考え方

◆米販売のリスクは販売価格に入れる

もっとも産直に取り組みやすいと思われる米に再度焦点を絞って解説する。もちろん米以外の農産物についても理屈は同じだ。

米の場合、一気に供出してしまえば年末にはまとまった金が入ってくる。それで一年過ごすわけだけれども、直売に切り替えるとそうはいかない。月によって多少の差はあるものの、要するに、収入は毎月毎月発生する。一二分の一ずつ。で、今までは年に一回の入金を前提にして農業経営をしてきているから、その財務関係の整理がもっとも大きなリスクになる。要するに支払いの整理とか、経営の根幹を再構築せざるを得ないということだ。

一年食えるだけのたくわえがあれば問題はないけれども、そういうところは案外少ないように思う。価格の設定のところで原価計算をしっかりやって適正な利益が生まれるようにしようと書いた。多くの農家は非常に安い価格設定をしている。ナンデかというと、答えは簡単。「売れなかったらどうしよう、売れ残ったらどうしよう」と考えるからだ。

気持ちはよくわかる。けれども、そもそも商売（経営）というのは、一気に大変換しようと考えること自体間違ってるんだな。

つまり、経営である以上は、それが継続されなければ意味がない。最初から全量直売で、などということを考えるのは間違っているし、現実的ではない。

最初の年はおっかなびっくり三分の一を直売にまわす、様子を見て次の年は半分を直売にまわす、というような段階を経て完全に直売にもってゆけばよい。

ここでまた問題が発生する。つまり、特に米の場合には、毎月の注文になることが多い商品である。つまり、一度気に入ってもらえば、年間を通じてずーっと買ってくれるお客さんが多いということだ。だから、途中で品切れになることだけは極力避けなければいけない。次の新米がとれるときに、少し残っているくらいでちょうどよい。天候の具合によって、収量に差が出ることもあるから、顧客管理をしっかりしておかないと、せっかくのお客さんを品切れによって逃がしてしまうことになりかねない。

販売原価には、売れ残ってしまう米の分や、天候によって収量が落ちるリスクの分も含めなくてはいけない。つまり、バカみたいに安くなど、もともとできはしないのだ。

で、そもそも農家から直接米や農産物を買うという人は、値段だけで購入しているわけではないんだということを改めて肝に銘じていただきたい。こうしたリスクもわかってもらって、販売原価に加えてこそ、長い付き合いができるのである。

◆加工部門があれば卸売りでも有利

自社に加工部門を持っていれば、卸先に対しても有利に販売できる、ということも知っておくべきだ。

なぜ私たちがバラの切り花をやめてドライフラワーに転換したのかといえば、つまり、計画的に出荷したかったからでもある。

普通のメーカーのように、需要に応じて計画的に生産出荷でき、あるいは計画的に自社で加工できないとしたら、いつまでも市場相場に一喜一憂しながら一生を送らなければならない。

切り花は、ご存じのように貯蔵なんてできはしない。しかし、一次加工したドライフラワーならば、きちんと管理すればおよそ一年は貯蔵できる。

そして、一次加工したドライフラワーの卸販売でもっとも重要なことのひとつは、自社にそれを使って作品を作るデザイン部門があるかどうかである。自社にデザイン部門があり、しかも対外的に高い評価を得ている場合、極めて有利な販売ができる。

たとえば、

「茎が曲がっている。花の切り前が均一ではない。茎が短い」

などという、花が本来持っている「価値」とは何の関係もないクレームに対して、生産者はメーカーとして、一段上の立場から対処することができる。

「私どもの工房では、まったく問題なく使用していますがどのようにお使いですか」

と対応する。もちろん出荷段階で厳しく品質管理していることは言うまでもない。つまり、穏やかな言い方ではあるが、実は、

「私たちは、この品質に自信を持っている。この花を十分活かしきれないのは、つまりあなたの腕に問題があるのだ」

とこう、高慢にも言っているわけだ。

食料品を取り扱う場合でもまったく同じことが言える。

自社で経営しているレストランがすでにある程度以上の評価を得ている場合であれば、卸している食材などにクレームがつくことはほとんどない。これは、加工・半加工製品を問わずである。もっと

もこれは、当たり前のことだけれど、厳しい品質管理がなされていて、自社レストランで使用する物と同一の製品を出荷している場合のみに言えることである。

◆足がはやい作物の欠点を活かせ

安定供給できない商品でも、その特徴を活かせば売り上げは伸ばせる。

これは、計画的な出荷と加工が必要だ、と書いたのと矛盾するように思えるが、決してそうではない。

その時期にしかない、その時期に食べるのが一番おいしいものならば、つまりそれ自体が売り物になるのだ。

たとえば、北海道の七月中頃で一番おいしい農産物のひとつに「トウキビ」がある。品種の改良も進んで、二日程度の輸送ではほとんど味が落ちないといわれてはいるが、やはり朝一番で収穫したものを速やかにゆでたのが格別においしいのは言うまでもない。このおいしさをそのまま、たとえば東京で味わってもらうにはどうすればよいか。もし、北海道の味をそのまま再現できるならば、それは十分商売として成立するはずだ。

こんな方法が考えられる。

農家は、朝もぎのトウキビを自分で空港に運ぶ。そして、東京のレストランは空港までトウキビを

味と情報量で勝負するレストランに直接届けることだってできる

取りに行き、持ち帰ってすぐに調理する。

この関係を作るのだ。レストランへの営業方法は、「北海道で今朝もいだばかりのトウキビを食べよう、とDMを打ってください」と、これだけでよい。これに敏感に反応しないレストランなど、初めから相手にしなくてもいい。事実、私の知り合いが経営するレストランなど、今すぐにでも実行したがっているのだが、これを引き受ける農家がない。このレストランは、農家が合う価格でいい、もちろん運賃も負担すると言っているのにだ。農家が取り組まない理由はただひとつ。面倒くさくて忙しすぎるからだ。

この方法は、どんな作物でも応用できる。つまり、少なくともちゃんとしたレストランならば、そこそこの料金を設定できる。レストランだって、値段の安さにつられて来るお客だけを相手にしていてはやっていけない時代だ。安さよりも、いかにおいしいか、どれほどの手間ひまかけて作られた料理か、しかもどこの誰が作った作物を使っているかなどの、つまりは味と情報量で勝負して良いお客を囲い込もうとしているのだ。こういうレストランはすでに「産直」を利用している場合が多い。ここに切り込むためには、農家も手間ひまかけなきゃいけない。

この時期にしか手に入らない商品とか、鮮度がすぐに落ちてしまう足がはやい商品というのは、欠点ではなくて、「特徴」なんだ。むしろそれを「売り物」にすればよい。

どんな野菜でも果物でも、あるいは米でも、農家が自分の家で食べてるものが一番おいしいんだ。それを正直に、セールスポイントにしようじゃないか。一番おいしいものを、一番おいしいときに食べられるのが農家の特権なんだ。その特権の一部を、都会の消費者にも分けてあげようではないか、というのも産直の良さではなかろうか。

3　経営は個人責任で

◆仲良しグループでも職業人意識を持とう

女性起業が大流行で、事実優秀な成績をあげているところもある。しかし、ほとんどのグループがぱっとしない。

そう、「グループ」のところはぱっとしないところが実に多い。その理由をきちんと考えてみよう。行政が中心になって農村女性のグループ化を推進している。たとえばパソコンの講習会（農業簿記だけどね）で帳面つけのグループをつくったり、地元の農産物を使った食品加工のグループを作ったりしている。食品加工で味噌が多いのは、簡単で失敗が少ないからだろうな。でも、少し安直じゃないだろうか。それはそれでいいけれども、なんで「手前味噌」という言葉があるのかをよく考える時期に来ていると思うよ。

で、ぱっとしない理由なんだけれども、職業としての意識が欠如していることが非常に多いんだな。それで銭を稼いでやるとか、銭儲けをしてやろうと考えることがほとんどない。つまり、仲良しグループの範囲を決して超えることがないんだな。商売に一番必要な責任感とか、信用とかそういうことというのは、往々にして「仲良しグループの輪」を壊すことが多いんだ。親睦のためという目的で形成されたグループに銭金を持ち込むのはよくない。

多くのグループが、いいところまで行きながら壊れてしまうという。その理由は、

1　メンバーの人間関係
2　責任感の欠如
3　家庭の都合を持ち込む

がほとんどである。

一生懸命やる人も、そうでない人もメンバーとしての発言権はともに一票の場合が多いのだ。それでは一生懸命やる人が面白いはずがない。で、一生懸命やらない人は、手は動かさないでクチだけは達者だという場合が多いので、よけいにがんばる人との軋轢が生じる。これは修復不能である。

たとえば、直売所に限って言えば、売れなければ売れないことが理由で、売れたら売れたことが理由で分解する。

〈予想より売れなかった場合〉

言いだしっぺが責められる場合が多い。経費は割り勘になるのだけれども、それさえ拒否することもある。いくら最初から利益は期待しないとはいえ、まったくの赤字になった場合、責任を誰かに押しつけてしまいがちである。

〈儲かった場合〉

利益の配分でもめる。店に出した商品が同じ程度売れるということは考えられない。必ず、売れる物と売れない物の差が出る。売れる物はともかくとしても、だからといって売れない商品が必要ないわけではない。商品のバリエーション、いわゆる品ぞろえという観点からは、デッド商品も大切だ。売れないものがあるせいで、売れるものがもっと売れる、ということも往々にしてある。しかしながら、売れない商品を出した人にすれば面白いわけはない。翌年からは売れ筋商品だけをわれ先に店に出したいということになるのが人情だ。

みんながそれぞれ等しく利益を分配するために、商品の割り当てや取り決めなどを、あらかじめしておく必要はもちろんあるが、現実としてはうまくいかないことが多いようだ。

いずれの場合でも、トラブルが起きて一番先に抜けていく人が、実はもっともやる気があって商品も一番売れている場合が多い。多くの場合一番売れた人が言いだしっぺであるケースが多いので、「あいつは人を利用した」などと陰口を叩かれることになる。

◆勉強はグループで、経営は個人で

農産物の加工はかなり高度な技術や知識を必要とすることが多い。本来であれば、それを学ぶのは自腹でやるべきなんだな。勉強というのは銭を払ってやるもんだ。日本というのはおかしな国で、コト農家に限って言うと至れり尽くせりの感が否めない。つまり、普及所などが音頭をとって無料で講習会などを開催する。参加者が少ないと手柄とか実績にならないので、嫌がる農家の母さんを拝み倒すようにして引っ張って来る、などということまで行なわれている。これはやめたほうがいいと思う。

たとえばラーメン屋を開業しようとしたら、それ相当の銭を支払ってフランチャイズに加入したり、ラーメン屋に丁稚に入って仕事を覚えさせてもらうとか、とにかく開業のためのノウハウを仕込むには、どえらい時間と銭が必要なんだ。

それが農家の、特に女性の場合は、至れり尽くせりだ。この至れり尽くせりで銭がかからない、というのが実はまともな商売につながらないもっとも大きな原因でもある、ということを自覚すべきだろう。

とはいえ、せっかくただで勉強できるからには、グループでも何でも作ってそこで勉強すればいい。行政とは面白いもので、個人に対しての支援は一切しないけど、三人程度以上のグループになると、ありとあらゆる予算を使って講師を引っ張ってきたり、実習場所を探したりしてくれるんだ。だから、使えるものは使っちゃおうという、ちゃっかりした考え方はいいことだ。

ただし、この場合でも、グループで勉強したからといって、グループで仕事を始める必要はない。実際に仕事にするときには個人でやるべきだ。ナンデかというと個人個人に温度差があるからだ。

たとえば、あなたは生活をかけて取り組もうとしている。しかし他のメンバーはお小遣いになればいいという考え方であったとしたら、どうなるか。そこをよく考えていただきたい。グループの崩壊は、そのグループでもっともやる気のある人が抜けてゆくところから始まるのがほとんどだ。これは当たり前だ。生活をかけて真剣に取り組もうとすると、かなりの時間をそちらに振り向けなくてはならない。それにひきかえ、お小遣いでいいやと思っている人はしょせん趣味の域を出ることはないから、親父に小言を言われてまで、作業に出てくるはずがない。崩壊するのは時間の問題ということになる。

勉強するときは一緒でも、仕事にするときには個人個人別々にするべきである。それは田舎社会の平和につながる。もっとも、実際に一人で始めるとぼろくそに悪口を言われることになる。だけどさ、悪口を言う人はしょせんそれまでのものだから相手にすることはないよ。日本中どこだって、自分で何かを始めようとする人は地元ではぼろくそに言われてるものさ。ぼろくそに言う人の顔を立てたところで、その人たちが何か手伝ってくれるわけではないし、具体的に食わせてくれるわけでもない。無視してかまわない。と、まあ、それくらいの強い気持ちがないと、直売やら農産物の加工販売なんかできやしないということだ。

◆法人組織を作る

これはもう個人の域を超えるなと判断したら、有限会社などの法人組織を作ることだ。法人では出資金に応じた発言力を持ち、職業としての責任の所在がはっきりする。

とある街でそれはそれは優秀な漬物とジュースを作るグループがある。非常にうまいし、しっかりした製品作りをしている。ところが、そこは「グループ」であることが商売の足を引っ張ってるんだ。メンバーそれぞれは、とてもやる気があるんだけれども、指揮命令系統がないんだ。事務局をやっている人はもちろんやる気満々なんだけれども、全体の意思決定は、総会を開かなくてはいけないということになってる。たとえばこんなことがあったそうだ。

札幌の大手百貨店から、取引したい旨の連絡があった。至急サンプル商品と卸価格表や必要書類を持って打ち合わせに来て欲しいとのことだった。事務局の人は喜んだ。ビッグチャンスだ！

ところがだ。

これを実行するためには、つまり、大手百貨店と取引するかどうかというところから、総会を開いて全員の合意を得なければいけない。で、ときあたかも収穫の秋である。農家の母さんは忙しくて集まれるはずがない。で、結局、百貨店が企画したフェアに間にあわなかった。フェアを起爆剤にして、専門に取り扱うプロパーで取引をしたいとまで百貨店の担当者は考えていたらしいんだが、結局その話は流れて、ほかの業者にいってしまったということだ。

このような愚かなことが現実にたくさん起きているんだ。だから、これを避けるために経営に関する責任は一人が負うべきなんだ。その人を社長と呼ぶ。ＣＥＯ（最高経営責任者）と最近は横文字でも呼ばれる。単に仲間内だけの取り決めにしないで、社会的にきちんと登記する。このとき初めて経営に対する全責任が生じるんだ。

有限会社は経済行為のための組織だから、構成員から商品を仕入れる格好になる。デッドストック（売れ残り）も損金扱いになる。利益は、たとえば出資額に応じて配分する。このように、異論の挟みようのない仕組みが作れるのが法人だ。

いずれにしろ、即断即決できる体制を決めて、作業の手順や割り振りなどを、きちんと業務命令できる人がいないと職業・仕事としては成立しない。銭を稼ぐというのはそういうことだ。

◆身銭を切って勉強しよう

普及員の方々にもぜひともお願いしたい。みんなでみんなで、というまるで全体主義のような考え方は捨てていただきたい。日本は資本主義の世の中である。つまり、努力したもの、あるいは、資本を出したものがより多くの利益を得ることができるような社会なんだ。努力もせず、資本も出さない人たちまでも面倒をみるのは、間違っていると思うよ。

助成金にしたって、ただ与えればいいというものではない。本来助成金や補助金というのは、その銭を元手にしてガッチリ稼いで、将来はしっかりと税金を払って恩返しして頂戴ね、というのが趣旨であるはずだ。だからこそ地域づくり・地域再興のための先行投資として社会が認めているのではなかろうか。なのに、税金が有効に使われないのがわかっていながらそれでも与えるというのは、自分たちの実績主義にほかならないと思う。役人さんたちの「証拠作り」は税金の無駄遣いだと批判されても仕方がないよね。

それと、繰り返しになるけれども、無料で講習会を開催するというのはそろそろやめにしたほうがいい。たとえ五〇〇円でもお金を取ったほうが絶対にいい。たとえ五〇〇円でも支払ったとなると、習うほうは真剣になるし、習いたくない人まで来ることはないからね。

あちこちに講師として出かけてわかったのは、なかには講習会を受けるのが趣味という人がいるということ。それはそれでいいんだけれども、そういう人がやる気のある人の足を引っ張ることが少なからずあるというのも事実だ。一番低いレベルに合わせたお話とか講義しかできないからね。まあ、冨田の場合そういう人は見たらすぐにわかるので最初から無視して、やる気のある人の顔を見て講義するからさほど影響はないけれど。

参加する農家もそうだ。

たとええらい先生だと評判でも、聞きたくもない話なんかは聞きに行かないこと。その先生が面白い人かどうかというのは、インターネットで検索すればすぐわかる。今どきホームページを持っていないような人は相手にしないほうがいいぐらいだけれど、もし面白い人なら、たとえ自分でホームページを持っていなくても、あっちこっちのホームページに登場してくる。で、その記事を見て、面白そうで実用的な話をしているかどうかを判断できる。実際インターネットはこういうふうにも使える。

これからは、本当に聞きたい話をしてくれる講師を自分たちで呼んでしまえばいいんだ。自分たちが学びたい内容を教えてくれる先生を自分たちで探せばいい。農家が直接連絡を取れば、ほとんどの先生は日程の都合をつけてくれるはずだ。そんなに高額なお金がかかるわけでもない。

ちなみに、役場からもらう講師料は、私の場合でいうと、北海道からの交通費のほうがハルカに高いというケースばっかりだ。そんなもんですよ、報酬なんてえのは。

実際、自前で講師を呼んでしまえということで、鹿児島県頴娃町の山脇さんと西牟田さんたちの農家グループ「べっぴんねっと」が動いたら、地元の普及センターはもちろん町や農協も協力してくれることになったんだ。このとき、普及センターの所長さんが、

「農家が自分たちで動いているのに、普及所が動かないわけにはいかない。どんな名目でもかまわないから予算をかき集めろ！」

と、叫んだそうだ。公務員だって人間。やる気のある人たちのために一肌脱ごうと思ってくれるはずなんだ。

繰り返す。勉強はグループで、仕事は一人で。

参考URL

鹿児島の山脇さんと西牟田さんのホームページ

A　イーハトーブの赤い屋根　http://www.oimoyamawaki.com/

B　さつまのやさい達　http://www5.synapse.ne.jp/satumayasai/

第4章

直売の始め方、広げ方

1 消費者の気持ちのつかみ方

◆とにかく畑を見せてやろう、作業を見せてやろう

多くの人からお手紙やメールを頂戴する。あるいは、かなり遠く（九州など）からわざわざお見えになった人もいる。この人たちは必ずといってよいほど、「自分の作ったものをどうやって売ればいいのか」「ほんとうに売れるのでしょうか？」と質問する。

ここまでお読みいただいて、ご理解していただけたと思うが、「どうやって売るのか」「本当に売れるのか」、から考え始めるのではなくて、まず、「何を売るのか」が重要なのだ。この本の冒頭に書いたように、自分のものを自分で売るということは、「あなたはいったい何者なんですか？」ということが厳しく問われるということなんだ。

売る物は何だってよいのだ。今ご自分が育てている作物、自信を持って出荷している作物、それを、農家が自分で熱心に売る、ただそれだけのことだ。

だってスーパーに行けば、たやすく何でもそろう時代に、あえて消費者が、農家から直接農産物を買う理由は、きっと、農家でしか買えない物があることを、頭ではなくて本能的に知っているからで

はないだろうか。

しからば、農家でしか買えない物とは何だ。

私のところでかつてやっていたことをご紹介しよう。バラのドライフラワーだから、ちょっととっつきにくいかもしれないが、実際の売り方については参考になるはずである。

1　時間の許す限り（自分の）農場を案内する。

2　乾燥室などの設備を見せて説明する。

3　実際にアレンジなどを作ってもらう。

これだけだ。

まず、ビニールハウスでバラがどんなふうに咲くのか、花を切るときトゲでどれほど痛い思いをするのか、ハウスの中がどれほど暑いのか、などをじっくりと味わう。それから、乾燥室に入ると、例外なく歓声があがる。普通の暮らしをしていて、一度に一万本を超えるバラを見る機会などない。しかも、乾燥室の中はバラの香りで充満している。

その後、体験する人は体験室に行き、買い物をする人は買い物をする。どれほど大変な労働の後にその製品ができあがるのかを知ってるから、絶対に「高い」などとは言わない。そもそも私たちは、農家だからといって安く売ろうなどとは露ほども考えてはいない。もちろん、不当に高く売ろうとも思わない。

もっとも、今はこのようなことは行なっていない。なんでかというと、先ほど原価計算のところでも書いたんだけれども、私のところで販売するドライフラワーアレンジメントは商品として販売すれば採算が合わないからである。アレンジメントは加工の工程そのものに価値があるんだけれども、その価値と価格のバランスが取れなかった。やればやるほど忙しいだけということになってしまったので、もう若いとはいえない年齢になってきたこともあり、こういう販売はやめにした。もちろん花材としての販売やレッスンでは非常に大きな利益が生まれている。

直売では、お客にどれくらい満足してもらえるか、どれくらいゆったりとした気分に浸ってもらえるかが勝負どころとなる。これを「顧客満足度」と呼ぶ。商売の基本中の基本であろう。顧客満足度を上げることが、上得意さん（スキミング層）を増やすことになる。

生産から商品の完成までのすべてを見せることができるのは、農家の特権でもある。ビールメーカーやウイスキーメーカーなども、工場を見せているではないか。ビール工場に併設しているビール園は、どこの町でも観光の目玉になっている。これと同じことだ。

しかし、これには大変な手間がかかる。農家はシーズン中はとにかく忙しい。けれども面倒くさがらずに畑を案内するべきだ。収穫や選別作業、定植作業をどんどん見せる。どうしてこのダイコンやニンジンやキュウリやトマトやイモが捨てられなければならないのかを説明する。そして、捨てられる理由の理不尽さを、消費者にもっともっと知ってもらうべきだ。

最初からお金をかける必要はない。だんだん大きくすればよい

その野菜が持つ本質とは何ら関係のない「問題」で捨てざるをえない状況を知るということが、消費生活にとってどれほど役に立つか。流通段階でいかに農家が苦しい立場に一方的に置かれているかを知ることが、消費動向に与える影響は、巷間で言われているよりはるかに大きい。

◆最初からカネをかけるな

「直売をやりたいんだけど、うちは国道から少し入ったところだから、やっぱり国道に面したところに店を出したほうがいいだろうか」などという人が非常に多いが、私はそうは全然思わない。事実、私のところは、国道から五〇〇メートルも入った田んぼの真ん中にある。田んぼの真ん中にあることが不利だなんて考えたことはこれまで一度もなかった。おかげで、来る客の多くは財布を持って車から降りてくる。何かを買おうと最初から思ってわざわざ田んぼの中まで来るんだ。これが、下手に国道なんかに面していようものならば、買う気もない客がどんどん入って、そのためにわざわざ店番を置かなければならなくなる。売れてから人を雇うべきであって、売れる前から雇うのは間違ってる。

で、よく立地条件の悪さを、売れない理由にする人がいるけれども、最初の一年や二年は売れるはずがないんだ。売れるはずがないのだけれども、そこでじっくりと腰を据えて取り組んでいると、必ずちゃんとお客はついてくる。だって今どき、みんな車で来るんだ。あっちこっち迷いながら、探しながら来るのが楽しいんだ。もっとも最近ではカーナビが流行っているので、迷うことは少なくなったそうだけどね。

だから、冨田は言うんだ。「道案内板を立てな。おしゃれなやつだよ。間違っても直売所とか、産直なんてのはダメだ。絶対にダメだ」ってね。

野菜を売るために、最初からお金をかける必要はない。作業場の隅っこでいい。そのほうが、選別作業などを間近で見られるし、捨てられていく野菜も見られる。作業場の裏はたいていすぐに畑になってるから、畑を案内すればいい。ニンジンやダイコンなどを適当に引っこ抜かせて持たせてやると、大喜びする。特に子供たちは喜ぶ。親は、子供が喜ぶことが一番うれしいものだ。

この方法では、最初はお客が全然来ないかもしれない。

だけど、たまーに来るお客さんだから来るとうれしいのは当たり前、必然的にゆっくりと時間を取って会話することになる。お客だってこの会話も求めて来てるんだから、もちろん喜んでくれる。きっと良いお客になってくれるよ。

初めから大がかりに資本をかけて、失敗したり、忙しすぎて畑がお留守になるくらいだったら、素人らしくゆっくりゆったり始めたほうがいい。やってるうちに売り方もうまくなる。小さくだったら、すぐ始められて、失敗したって失う物は何にもないのだから。

野菜や米などの未加工品を売るならばこの方法から始めるといい。一番の宣伝は口コミだってことをお忘れなきよう。

◆畑のことを畑で話せ

次に、ノートとボールペンを用意する。これに、お客の住所と電話番号、氏名、メールアドレスを書き込んでもらう。

「季節のお便りや、畑の様子をお知らせします。よろしければご記入下さい」と言えば、まずよほどの「変わり者」でなければ書いてくれる。これが貴重なデータとなるから大切に保存する。できればその日のうちにパソコンなどに入力しておく。

たとえば、イチゴの季節に来たお客に「新ジャガを掘ってるよー」と手紙を書く。葉書にコピーしたやつで十分。ワープロを使うのもいいけど、わざと手書きにするのもいい。もちろんホームページがあるともっといい。ＤＭにかかる経費というのはバカにできないからね。封筒を一〇〇通出すと、切手代だけで八〇〇〇円もかかるから。電子メールとホームページを使えばほとんどただでできるんだ。で、多くの人が今どきメールくらい使えるし、ホームページを見ることもできる。直売するならインターネットをやったほうがいい。いや、直売するんだったらインターネットが前提になる時代になった。なっちゃったんだからそれに抵抗したって無駄だよ。

で、キャッチコピーも、

「堀りたて新ジャガ登場！　ほくほく新鮮」

なんて書けばいいのさ。ゆでたてのジャガイモのイラストなんかを入れるともっといい。下手くそでもちっともかまわない。

同じ手口で、ダイコンも、ハクサイもキャベツもとにかく何でもいいのさ。

春にイチゴを買いにたまたま寄ったお客に、たとえば、自分とこの米で作ったお握りを食べさせてみな。

「この米、俺が育てたんだ。うまいべ」

なんて言いながら手渡すんだ。この方法が一番効果がある。

農家の庭先で、目の前に広がる青々とした田んぼをながめながら、そこでとれた米でこしらえた握り飯を、そこの親父とともに食う。これ以上うまい米の食い方があれば教わりたい。ここで、米を買ってくれなんて言わなくてもいい。米はどうやって育てるのかを、とくとくと話して聞かせればそれでいい。「小売りしてないの？」と、聞かれないはずないじゃないの。

とまあこのようにしてスタートするのがもっともリスクが少ない。

2　直売所開設の心構え

◆仮設物件のすすめ

私がかつて使用していたショップ建物は、いわゆる「現場のプレハブ事務所」の改造版であった。普通、工事現場やなんかに置かれているのは安物のアルミサイディング仕上げだけど、フィンランド松で仕上げているので、ちょっと見には仮設プレハブだと気づく人はいない。このプレハブのメーカーは、一般ユーザー向けの商品も開発したいということで、外寸さえ一定ならば、デザインフリー。自分の好きなようにカッコよくデザインしてもらえばいい（メーカー連絡先＝（株）ナガワ　URL　http://www.nagawa-group.co.jp/　電話〇一四二―一三―〇七三三）。

一番いいのは、まず価格が安いこと。おまけにリース契約によって、使用しない時期には返却できる点がよい。使いたいときに使いたいだけ使って飽きたら後は返却すればよい。

次に仮設物件だから、面倒な建築確認の手続きが不要である。通常三坪を超える物件は、建築物として市町村の建築確認ならびに固定資産税を課税される。しかし仮設プレハブは、基礎工事の必要がないから、これらの面倒がない。もちろん地目をいじる必要なんかないし、倉庫を建てるんだなどという言い訳をする必要もまったくない。

それと、間口は一一トン車で運ぶ都合から二・五メートル内外と規定があるものの、奥行きについては、連棟が可能だ。必要に応じたサイズが任意に設定できる点も特筆に値する。二階建てさえ可能だ。

特注リースだから契約年数が過ぎれば、まったく新しいデザインの新品物件に変更することが可能。リニューアルに対するコストがかからないのは、リース物件の最大の特徴のひとつである。

だが何だかんだいって、もっともいいところは、建設の手軽さである。何たってユニックで積んできてポンと降ろしてできあがりなんだから。

私の場合、二六〇万円で八坪の物件を三年間の通年契約。月の支払いは六万五〇〇〇円である。半年契約の場合は、月使用料金が倍になるか、または契約年数が倍になるわけだ。これはデザイン的にかっこよさを追求した結果そうなったので、もうちょっとリーズナブルにももちろんできる。メーカーとよく相談することだ。

◆電気は仮設電気が得だ

自分で販売するときに一番重要なことのひとつは経費をいかに抑えるかだ。おさらいすると、最低限かかる経費としては、建設費（リース物件ならば使用料など）、人件費、包装資材費、光熱費、電話料などが挙げられる。つまり製造原価だね。

私の販売当時のピークの経費を何かの参考にされたい。

リース料　六万五〇〇〇円
人件費　一七万円（パート）
包装資材費　三万円
光熱費　一万八〇〇〇円
電話料　二万円
合　計　三〇万三〇〇〇円

この光熱費は電気料金のことなんだけど、少し説明する必要がある。これも仮設電気を引くことをおすすめする。仮設電気は定額料金である。使おうが使うまいが要するに毎月一定額を納めるのである。節電省エネには反するけど、電気が使い放題ってのはとってもいいことだ。

ホントは公に書くような内容じゃないんだけど、こっそり教えると、たとえばジュースの自動販売機は月八〇〇〇円程度の電気代がかかる（自動販売機には使っちゃダメなんだけど、電力会社は通常は目をつぶってるみたいだ）。あるいは、夜中無人になると不用心この上ないんだけれど、夜は電気をつけっぱなしにしておきたいのが人情。これで七〇〇〇円くらいかかる。

あわせて、ラジオや冷蔵庫、照明なんかで七〇〇〇円やそこらはかかる。北海道の場合、仮設電気は二〇アンペア契約で月一万八〇〇〇円の定額料金を設定されるけど、まともに払うよりは安い電気代になるわけだ。

毎月たったの四〇〇〇円しか違わないじゃないか、などと考える人は直売には向かない。月々四〇〇〇円、年に四万八〇〇〇円の利益のためには、いったいいくら売らなきゃならないかを冷静に考えて欲しい。

さらに、そもそも仮設プレハブに電気メーターを取りつけるのをリース業者は嫌がる。下手するとマトモに電気を引いたせいで、五万円程度の損料を取られることになる。これを足して年間九万八〇〇〇円、よけいに経費がかかることになってしまう。

利益率五割とすると、これだと約二〇万円分の売り上げが消えてなくなるわけだ。二〇万円分の、たとえば菜っ葉っていったいどのくらいの量でしょうか。お米ならば何キロになるでしょうか。商売人はいつもここのところをちゃんと考えている。ましてや、見栄を張って建築基準法に準拠したちゃんと課税される建物など、よっぽど儲かって儲かって税金対策にでもするんならともかく、これから自社販売を始めようとする人には向かないことがおわかりいただけよう。

だからって、裏の納屋じゃどうしようもないから、自由にデザインができる仮設プレハブ程度がいいんだ。かっこよくいこう。

◆安さだけで勝負しないこと

原価の考え方はすでに説明したので繰り返さないけれども、要するに、産直は安さだけで勝負していると、自分で自分の首を締めますよということを再確認したい。

ものすごく簡単に言うと、生産原価の三倍から四倍程度で販売しなさいということだったね。生産に一〇円かかったものは四〇円で、一〇〇円かかったものは四〇〇円で売らなきゃいけない。けどそこは、農家が自分で売るんだから、おまけして三〇円、三〇〇円で売ればいい。そうすれば適正な利益が確保できて長く続けられるし、スーパー並の価格設定となるはずだ。

今消費者が求めているのは、決して安さだけじゃない。目の前の親父や母さんが自分で自信を持って作った作物を安心して求めたいんだ。繰り返す。お客は安心を買うんだよ。

◆プロらしく、スマートにいこうぜ

農家が直接販売する場合、新鮮さなら、そこらのスーパーあたりに負ける理由はひとつだってない。

価格についても一切の流通経費が省けるから、適正な販売利益を確保しても一般のスーパーに負ける理由はないのである。

こんな問い合わせがあった。

「二〇〇羽から三〇〇羽くらいの養鶏を軸に、のんびりとした「農的生活」を送りたいのだが可能かどうか」というのだ。これはもう極めて簡単なことで、自分たちが消費して、ちょこっと仲間内に売る程度のことならば、造作もないことだ。

一日に二〇〇羽の鶏が産む卵の量など、素人が考えたって一五〇個内外だということは見当がつく。一〇個パックでわずかに一五パック。こんな少量の卵なんか売るのは簡単すぎて話にもならない。むしろ足りなくて先様に迷惑をかけるおそれすらある。

この程度のことであればどんなふうに売ろうが、いちいち目くじらをたてるほどのこともない。ガキじゃあるまいし。

今この本で模索しているのは、この程度のいわば「趣味の園芸」ではなく、これで生計をたて、子供を育て、借金を返し、家のローンを払い、子供たちの結婚資金の一部でもとわずかずつでも蓄え、次の年の種やビニールや肥料の調達をし、村内での一定の社会的役割を果たしていくための、つまりは事業として成立する農業とその方法なのだ。

こんな例もある。

切り花で生計をたてている人が、その「はね物」を、自宅の居間で適当に乾燥して売る。乾燥室を持たないことのバカな理由に、「うちはすべて自然のままにやる方針だ。だからうちの花は色が悪くて当たり前」などと寝言をぬかす。

もっともこの手合いの製品は質が極めて悪い。農家たる者、品質向上にこれ努めるのは当たり前すぎて話にもならない。高品質の生産物こそが、高い付加価値を生み出す原動力であることは、今さら冨田ごときが声高に主張することもない。そもそも切り花の栽培はドライフラワーには向かないということは、『農家のためのドライフラワー』（農文協）でくどいほど主張したから、興味のある方はお読みいただきたい。

これらの手合いの製品は安い。安いけど、やっぱり品質に問題がある場合が多い。生産量にもおのずと限界があり、「プロ」と呼べるレベルではない。

つまり、「産直」やら「直売所」のもっているかっこ悪い印象というのは、要するに、名は体を現わしちゃってることが結構あるんだ。勝手な印象で申し訳ないが、この程度の場合が多いようだ。素朴さ、純朴さ、泥くささだけの「直売」からいい加減に脱却しようではないか。明るく、センスよく、あか抜けしたいと常々思う。

◆農地法・都市計画法の攻略

けっこうな田舎でも都市計画法を施行しているから、ショップを開く前にこの点を役場に行って確認すること。役場っていっても、普段から出入りしてるはずの農業委員会だから緊張することはない。この結果「市街化調整区域」内に立地しているようならば、ショップはできないからいさぎよくあきらめるなり、別の土地を探さなきゃいけない。

そもそも三〇年以上も前の、しかも時限立法だったはずの、時代遅れの都市計画法に農家が縛られているなんて、まったくバカな話だ。この都市計画法には施行している市町村の担当者さえ、少なからぬ疑問を持っている場合が多く、早急に見直す必要があると機会あるごとに各レベルで努力しているそうだ。努力していても、なかなか進展しないのはナンデだろう。「グリーンツーリズム」のメッカであるはずの北海道においてでさえも、この一〇年以上、毎年毎年しつこくクレームを出していて、担当者が変わるたびに話し合っているにもかかわらずいっさい手がつけられていないのだ。

それにひきかえ、大規模に自然をぶっ壊すようなゴルフ場など金持ちとか企業が開発行為を行なう場合にはどんどん許可を出している。この現実を思うとき法律というやつの抜け穴というか、「袖の下」を勘ぐらざるをえなくなるんだな。

で、グローバルの名の下に最後の砦だった「米」まで自由化されて、「さあこれからは米も農家自身が自由に販売する時代ですよ」なんて言われてもねえ。――農水省は、一刻も早く国土交通省と穏やかな話し合いを行ない、農家が作物をどこででも自由に販売し、加工し、消費者と農家がもっともっと交流できるようにするべきだと思うのは私だけじゃないはずだ。自分で作った作物を、いざ自分で売ろうとしたら、「直売所」は建てられないなんて、バカみたいな話ではないか。

グリーンツーリズムなんて、都市計画法施行地では絵に描いた餅以外の何物でもない。

まことにおかしな話ではあるが、街道筋などで賑わいを見せている直売所の多くが、建築物としては違法状態であることが非常に多いんだ。つまりは、行政のお目こぼし。

半年しか使わないから、後の半年は倉庫として使っているので、名目は農業用の倉庫である場合が多い。農家もいちいち地目を変更したりするのが面倒くさいので、

「はいはい。倉庫で行きます。ほっといてんか」

というケースが多いようだ。

私のドライフラワーアレンジのレッスン室も名目上は農業用倉庫である。どこから見ても倉庫ではなくて店舗、少なくともお客様をお迎えするにふさわしい外観と内装なんだけれども、倉庫だったら倉庫なんだ。北海道庁の「農業体験施設」にきちんと登録されていて、あるいは、地元の胆振支庁にもちゃんと登録されている「体験観光施設」であっても、名目は「倉庫」なんだ。

ここいらあたりが縦割り行政のいいところというか何というか。

本来であれば、きちんと地目も変更して、建築基準法・消防法（不特定多数を集める以上消防法の適用を受ける）もきちんとクリアするべきなのであるが、そんなことを言っていると何もできなくなるので、長いものには巻かれている状態なのだ。

直売所の場合についても、農家が自分で作った農作物を自分で販売するのには何の規制もない。ただし建物を建てるということになると話は別。この場合でも、倉庫という名目で建ててしまえばよい。建ててしまえばよいのではあるが、行政がらみでＰＲしようとするときなどにちょっと困ったことになるらしい。

具体的に「どこ」と書くと差しさわりがあるので伏せるが、北海道のある町の話。

メロン農家が集団で国道沿いに直売所を出した。近くに海水浴場もあり観光客から「メロン街道」などと呼ばれるほどになった。しかし建物自体はすべて違法建築。違法建築というか、つまりは都市計画法や建築基準法の規制のかからない農業用倉庫。これはこれで立派な合法施設なんだけれども、困ったのは市役所。表立ってそれを支援するというのは、行政としては問題。で、観光資源として大々的に宣伝したいけれども、それもできない。

メロン街道の人たちのなかには、市役所はもっと宣伝に力を入れてくれ、と直談判もする人も出てきたが、なにぶん動きが遅い。そんなら、自分たちだけでやるワイということになっちゃうんだ。で、それで農家が直接困るというほどのことはないのだけれども、なんだかまったくおかしな話であることは事実だ。国の規制緩和なんか待っていても、お題目に過ぎないのだから、相手にしないでとっとと始めてしまえばよい。

米の販売にしたってそうだ。

販売が自由化される前から、どんどん販売していただろ？　それをいちいちとがめだてする何者もないんだな。だってサ、「兼業」公務員が堂々と闇米を売っていたのだからね。国を拝んでいたって先なんかないから。

こと直売所に関しては、農地法を遵守しなくてはならない、などということはいっさいないと考えてよい。農地法違反や都市計画法違反で検挙されるというケースは、違法に宅地にしたとか、無許可で開発行為を行なったとか、不法投棄したとか以外にはいっさいない。あるはずがないし、あってたまるかということである。そもそも、「店」じゃなくて「倉庫」なんだからな。お客が倉庫に買い物に来てどこが悪いんだということだ。

3　漬物の販売を始める

次は加工所だ。で、ちょっと思い出した。私の父親の実家は道北の剣淵という小さな町で農家をしている。父は長男なんだけれど、親不孝にも後継ぎをしなかったから、次男の、私から見るとおじさんが後を立派に継いでいる。

タクアンを食べるたびに思い出すのは、もう死んでしまったけれど、私のひいばあ様だ。ばあ様は、春になってタクアンが酸っぱくなったら、細かく刻んで一晩水にさらして、それをキンピラにする。これがとってもおいしかった。

正しい日本の実家像とは、やっぱり農家なんじゃないだろうか。

考えて欲しい。勤め人の家が実家ならば、盆や正月に帰省したところでいったい何が楽しいのだろう。私の実家は勤め人だから、正月なんぞ帰省したって何てことないんだ。思い出すのは、子供の頃、休みのたびに通った剣淵のばあ様のうちだ。馬がいて、でっかい犬がいて、山の畑にみんなで行って豆をまいて。お昼にはでっかい握り飯と、今から思うと甘すぎるお菓子をしこたま食べて。

田植えの時期には、みんなで田んぼに入った。私はまだ幼かったけれど、それでも田植えを手伝った。たぶん、私が植えたところなど、苗が浮き上がったに違いないし、真っすぐになんかなってなかったに違いない。けれども、農家で過ごした日々が、私自身の生き方の「核」になる部分を作ったであろうことは、これはもう疑うことはできない。

長々と思い出話をしてしまったのにはわけがある。

都市で暮らす人々が本当に求めているものが何かを、私たち農家はもう一度じっくりとかみしめなくてはいけない。要するに「ニーズ」だな。そのことをキモに銘じろとか、かみしめろとか、まったくもってくどいかもしれないけれど、でもここのところを忘れると、農家の六次産業化は、結局、今ある業者と何にも変わらなくなっちゃうんだ。

いいかい、田んぼや畑は、人々の心を癒し励ます力をもっているんだ。そこを職場とするわれわれ農家は、実は、自分たちでは気がついていないけど、人々を励ますことができる希有な職業なんだよ。

◆農家は、都会人の母たるべし

長々と思い出話を書く本じゃないから、話を本題に戻す。

せっかくうまいタクアンなんだから売ればいいじゃないか。そうさ、売ればいいんだ。

秋ダイコンをダイコンで売った場合、相場がよければ一本八〇円で売れるけど、いったんコケれば二〇円なんてこともある。けど、これをタクアンにしたらどうだろう。もちろん手間はかかるけれども、一本一八〇円程度で売るのはさほど難しい話ではない。一樽二〇本入るとして、三六〇〇円になる。もちろん、二〇〇円で売ったっていいわけだ。ダイコン一本の相場が平均して五〇円だと仮定してみると、売値は二〇本で三〇〇〇円ほどの違いとなる。

一反平均して四〇〇〇本植えると仮定すると、五〇〇本をはね物として計算しても五二万円以上の差になるね。

では三〇〇〇本ものタクアンをどうやって売るか？

売れすぎて困る。こんなセリフは何度も言わないと上手にならない

ちまちま、少ないお客を相手にして、ていねいな接客をしてきたら、何軒かの顧客リストができているはずだ。まず、「うちのばあちゃんが漬けた、天下無敵のタクアン登場！　限定五〇〇本、早い者勝ち」って、DMを打つ。ホームページにも当然載っける。電子メールで友達にも知らせる。

漬ける前に、注文を取る方法もある。

「あなたの代わりにおいしいタクアンを漬けます。一樽二〇本で四〇〇〇円」

もちろんダイコンはあなたが育てたものを使う。当ったり前だけど、無添加、色粉なし。昔風おっかさんの味で勝負する。これまでに、あなたの畑でとれた作物の味と、農家の大変さを知っているお客がついていれば、あっという間に注文が来るのは当然のことだ。

漬物といえば、ご飯がつきもの。せっかく来たんだからと、タクアンの味見ついでに、またまた握り飯を食べさせる。タクアンも米も売れるのは、やっぱり当ったり前。

商売はこういう具合にやるんだ。

何よりこの方法がいいのは、どうせ自分とこの分を漬けるんだから、ちょっと量を増やしたところでたいしたことはない。よしんば、売れ残ったって、どうってことない範囲だ。

「ごめんね。今年の分はもう残ってないんだ」

なんていうかっこいいセリフを、農家はもっとどんどん吐くべきだ。

◆自分たちが普段食べてるものを売ろう

漬物を売るには許可がいる。正式には食品衛生法に基づく許可が必要になる。この法律の詳しいことは、この本の後ろのほうでもう一度説明するけど、簡単に言えば、加工食品・製品を作るための施設許可、つまり加工所の許可が必要だ。

なんだ、五〇〇本くらいのタクアンを売るためにわざわざ専用の加工所なんか作ってられっか、とそう思ってるんだろ。当然である。

何千本も作って販売するのならば、当然許可を取る必要も、価値もある。あるいは社会的責任を果たす義務だって生じる。しかし、身内同然の人たちに、いわば実費で売るのにまで許可を取れとは言えない。

たとえば、嫁に行った娘のために一樽よけいに漬けておいて、正月に来たときに持たせるのにまで許可なんかいらない。同様に、知人のために、実費で自分とこと同じものをよけいに漬けたところで問題なんかあるはずない。こういうのは会員頒布っていうんだ。不特定多数を相手にするのではなくて、ごく決められた人にだけ限定的に、実費で販売すること。

だけど、この方式で何年かやっているうちに、今年はぜひうちにも分けてくれ、となるはずだ。ただし、おいしければの話だ。おいしくなければ注文なんか絶対に来ない。注文が増えてくれば、これはもう正式に商売にしたほうがいい。作る量だって当然増えるから、ある程度のスペースを準備する必要がある。お金を儲けるためだから、それに見合った投資をする。ここで初めて保健所に行くんだ。で、漬物の製造許可なんて、普通考えるほど難しくない。ほとんどが常識の範囲内のことばっかりだから、不安がることはない。保健所は税務署とは全然違うよ。

条例での規定だから、各都道府県で枝葉の部分でちょこっと違いはあるけれど、おおむね次のような基準がある。

1　床は、水が染み込まない材質であること。コンクリートなどが望ましい。

なぜか。漬物の汁なんかがこぼれるだろ。そうすると、それが染み込んだら汚い。どんどこ水を流してタワシでごしごしこすってきれいにしたほうが、便利に決まってるわけだ。

2　壁面も同様。

3　天井は、梁などがむき出しではいけない。

これも食品を扱うんだから当たり前。だって、天井がふさがってないと、埃などが落ちてくるかもしれないだろ。

4　水道ならば問題ないけれど、地下水の場合水質検査に合格しなくてはいけない。そのうえで、

滅菌装置を使う。

これも当たり前。水質検査は意外に安い。ちなみに、北海道室蘭市の保健所では四二五〇円だった。他の市町村でもおおむねこの程度と考えてよい。後年、喫茶店やレストランなどを営業しようとする場合もこの基準となる。

5　保存するならば冷蔵庫が必要。

理由は、書くまでもないよね。

6　必ず専用の手洗い場を作る。

人様の口に入るものを扱うのだから、調理用とは別の場所にするのも当たり前。このほかに、調理台、樽置き場など通常必要だろうなあと思われるものが完備されているかどうかの検査がある。

床や壁の材質は、要するに、水拭きができる材料で作ること。床はコンクリートのほか、タイルや、ビニールクロスなどでもよい。壁は、ステンレスなどでももちろんいいんだけども、値段が高すぎる

ので、石膏ボードにビニールクロス張りで十分。

不安がらずに保健所に行くことをお勧めする。保健所の職員は、結構熱心だし、親切だ。書類の書き方なんかも一生懸命に教えてくれた。どうして親切なんですか、と聞くと、「おかしなことをやられて、食中毒でも出されたら困るんです。だから、基礎の基礎をきちんとご理解いただきたいのです」って言ってた。なるほどと納得しましたのです。

漬物は、許可としては簡単なほうだから、どんどん取り組んで欲しい。普及センターの女性起業担当者とか生活担当者はこの辺のこともかなり勉強しているはずだから相談に乗ってもらうといい。

◆会員頒布で販売研究

最初から本格的な加工所を建てて、正式な許可を取ってと考えるのでは、これはかなりの資金が必要になって誰にでもすぐに取り組める話ではなくなる。そこで、とにかくまず食品加工に取り組んでみたいという人のために、会員頒布について少し解説する。

「販売」ではなくて、「会員頒布」というやり方もあるのだ。だけどこれは、食品衛生法の抜け道と受け取ってはいけない。あくまでも、ある一定の理念に基づいた研究試験のための組織作りであるということをお忘れなく。

まず「会」を作るんだ。以下私のところがやるとした場合を想定したサンプルである。

1　名称　「百姓の食卓」
2　目的　百姓が百姓のために作っている食べ物を、ことごとく試食する。
3　会員　当会の目的に、心から賛同する有志に限る。
4　会費　年額一〇〇〇円を、会長たる（有）ファーマーズバスケット代表取締役富田きよむに支払う。
5　事務所　（有）ファーマーズバスケットに置く。

会員頒布と販売と、どこが違うかというと、販売行為とは「不特定多数に、代価を得て、継続的に」行なわれる行為を指す。たくさん作って売っても販売行為とみなされない例として、学校給食、病院の給食などがある。代価を得て継続的ではあるが、学校の生徒、入院患者などに限定されているから販売行為にはならない。

代価を得ようが、継続的であろうが、極めて特定の人にだけ売るのであれば、販売行為ではない。とするならば、特定の目的に賛同した、しかも会費をきちんと払った会員のみに供給することも販売行為とはならない。だけど、この場合、売ればそれでオシマイ、ということではイケナイ。

定期的に、たとえば「新ジャガとれたぞ大パーティー」「感謝感謝の収穫祭」「今年もぴかぴかの新米がとれました」などのイベントを実施するなどの工夫が必要だ。もちろん、そんな面倒なことやってられねぇや、なんていう人には決して向かない方法だ。

4 ファームレストランを開く

さて次に、ファームレストランについて考えてみよう。

話は具体的なほうがいいから、仮に、こんなファームインがあったらいいな、と具体的にイメージしてみよう。

こういうのをシミュレーションっていうんだ。

◆仮想ファームレストラン「農家の食卓」

ある日曜日、私は妻と子供を連れてN町にある知り合いのファームレストラン「農家の食卓」に出かけた。

白樺がまばらに生える林の中に広い芝生とワイルドフラワーの花畑があって、その奥に目指す「農家の食卓」がある。

ドアを開けると、オーナーの奥さんが今朝庭から摘んできた花で作った大きなアレンジが飾られている。豪華な花を使っているわけではないけれど、生き生きとしたその様子に心がなごむ。妻はさっそく奥さんと花談議を始めた。こうなると一息つくまで、料理の注文はお預けとなる。

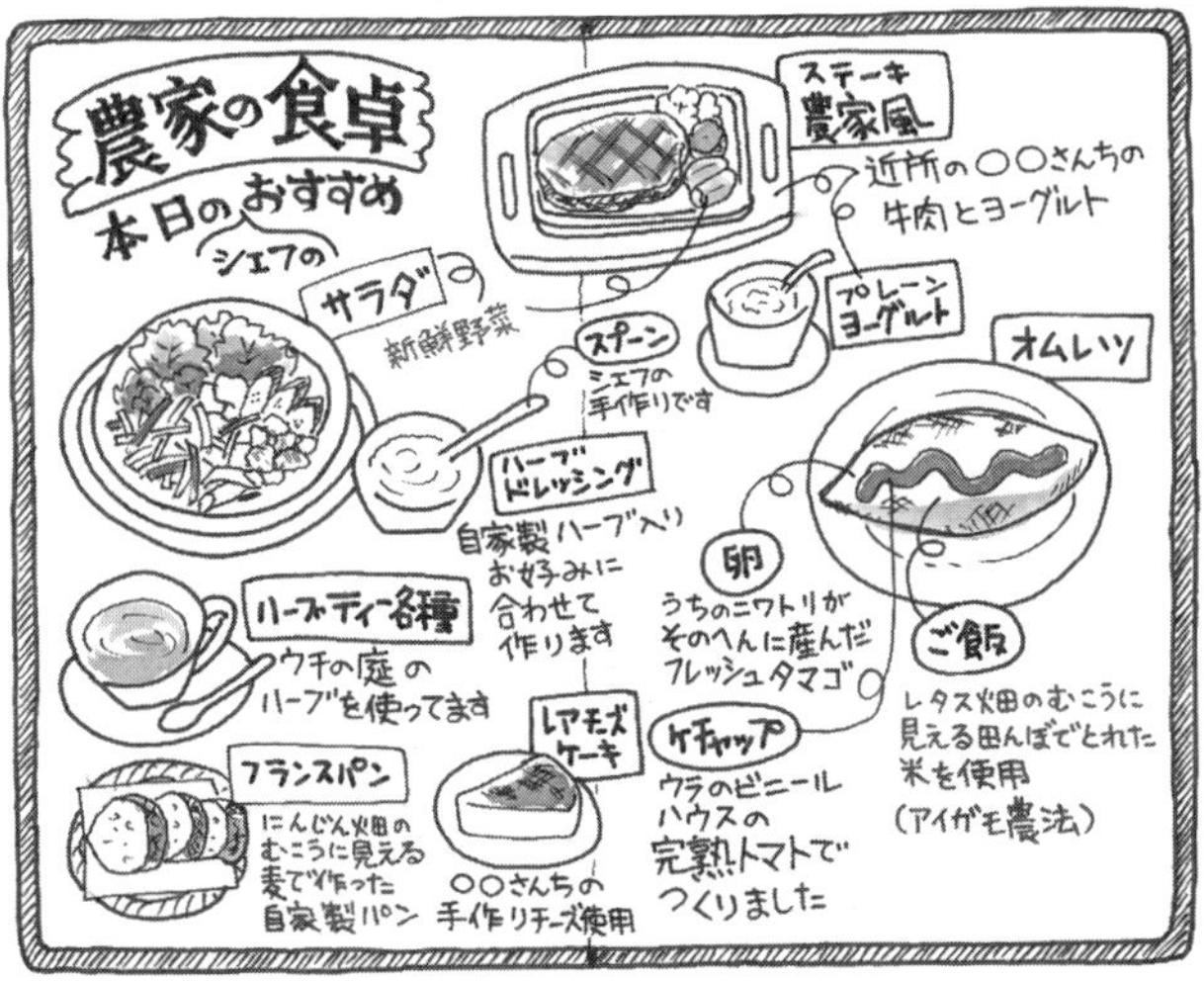

もしこんな農家レストランがあれば、繁盛間違いなし

各テーブルにも、可憐な花が一輪挿しに生けてある。一輪挿しのキルトのマットはスタッフの手作りだ。

ここのオーナーは、何にでも凝るタイプの人間だ。店の椅子もテーブルも、みんなオーナーが作ったものである。「金がなかったから、みんな自分で作ったのさ」なんていってるが、買ったほうが安くつくこともある。

席についてまず、カモマイルティーとミントティーを注文する。ここのハーブティーはもちろん自家製だ。大きめのポットで来るのもうれしい。オーナーは何にも言わないけれど、マグカップもポットも、オーナーが自分でこしらえたものらしい。どっしりと肉厚で、しかしあったかい作風が心地よい。

子供は、このマグカップで牛乳を飲んでい

る。低温殺菌している自家製牛乳は、しばらく放置すると、表面にクリームがこってりと浮いてくる。その浮いてきたクリームは、ここの自家焙煎のコーヒーに実によく合う。

料理が出てきた。

サラダのレタスやニンジン、キャベツは、白樺林の向こうの畑で育てられたものだ。ドレッシングもここで育ったハーブがたっぷり入ったビネガーがベース。

「できればオリーブも自家栽培してオリーブオイルから作りたいんだけど、北海道でオリーブはねえ」

と残念そうに話していた。

オムレツに使われている卵は、先ほど車を降りるときに踏んづけそうになった鶏が産んだものだ。オムレツにかかっているケチャップのトマトも、裏のビニールハウスで真っ赤に完熟したのを使った。ご飯は、レタス畑の向こうに見える田んぼでとれた米。田んぼにはアイガモの親子が見えかくれしている。女房が食べているフランスパンは、ニンジン畑の奥の丘陵地の畑で育った小麦だ。

子供が楽しみにしてきたハンバーグの牛肉は、キャベツ畑の向こうに見える知り合いの牛舎で育った牛だ。デザートに出てきたのは、ちょっと酸っぱいけれど、ヨーグルトのシャーベット。もちろんここの牛から搾った……。

もしこんなレストランがあったらそこは間違いなく、絶対に流行る。

食べ物は、それが育った場所で、育てた人の手で料理したものが一番おいしいはずだ。もちろん、町で食べる、腕のよい料理人が作ったものもおいしいけれど、その質がまったくといってよいほど違う。何よりも、生産の現場で味わえる喜びと安心感が、食べ物の味をより引き立てることは間違いない。

ファームレストランには、料理を食べるためだけではなくて、そこのオーナーを味わいに行くのだ。

◆流行る理由を考えてみよう

さて、この店が流行る理由を考えてみよう。

1　オーナー夫婦の顔がよく見える。
2　オーナー夫婦が自分の好みを前面に出している。
3　何から何まで、既製品を使わずに、自分たちの力と趣味で作り出している。
4　心からお客をもてなそうとしている。そして、そのためにお金を使うのではなく、知恵と体を使っている。
5　食べ物そのものだけではなく、レストランで過ごす時間を売っている。

ほかにもまだあるけれども、大きくはこの五つだろう。

つまり、売っているのは料理だけではなくて、そこにあるもの、時間や空間を含めて全部売ってるんだ。この本の最初に書いた「情報」を提供してるってことになる。

「理想は理想として、こんなことやってる時間がどこにあるんだ」と思う人もきっと多いはずだ。けれど、「こんな店があったらいいなあ」という店を作らなくてどうする。それと、この場合は洋食だから難しいと思うのかもしれないけれども、本格的な和食だって、素人には難しすぎると敬遠する向きもある。だけど、すでに千葉県御宿町の大地さんご夫妻はファームレストラン「愚為庵」（ぐいあん）を開いて、本格的な和食を提供している。

「我流懐石ですよ」

と笑うけれども、とてもとても素人料理などという域ではないのだ。数カ月先まで予約で埋まっている。

私の好みからいうと、もちろん洋風な店も好きだけれど、「おっかさんの味丸だし」の田舎料理屋だって大好きだ。むしろそのほうがいいくらいだ。

「いもの煮っころがし」「なます」「川魚の佃煮」「自家製の納豆」「豆腐の味噌汁」ゆですぎてしまったけれど「甘いほうれんそうのおひたし」。この際強く主張しておきたいのであるが、天下無敵の日本のお昼ご飯の持つパワーは、決してハンバーグごときの敵ではありえないのである。

ま、ここで指摘したいのは、どんな料理を出すのかということなどではなく、お客に満足してもらうには、けっこう手間ひまがかかるということである。

◆家族ではなく、栽培面積を犠牲にしよう

農家は忙しい。朝早くから夜遅くまで働き詰めだ。忙しいだけ忙しくて、収入がそれに伴わないから、自分で工夫して直売をやろうとしているはずだ。直売をしてもやっぱり忙しかったりする。それに、そもそも新しいことに挑戦するためには、何かを犠牲にしなくてはいけないのは当然のことなんだ。

しからば何を犠牲にするか？

冨田はこう思う。嫌われるかもしれないし、間違いなく反感を買うと思うけれども、犠牲にすべきなのは、「栽培面積」だ。

農家は勤勉だから、自分の土地すべてに作物を植えつける。そうしないとなんだか怠けているようで落ちつかない。しかし、その勤勉さが問題なんだ。

次から次へと仕事が押し寄せる。どうしても作業は遅れ気味になるから、ますます焦ってものを考える余裕がなくなる。生活を楽しむなんてどこの世界のことだ？

でもさ、生活を楽しむことのできない人がどうしてお客さんを満足させられるだろう。お客を満足させるためには、まず自分が満足できなければいけないだろ？　それはとても難しいことだろうけれども、必要なことだ。考えを変えてごらん。

たとえ栽培面積を犠牲にしても、それ以上の売り上げと収入が期待できると判断するから、自分で店を始めようとするんだ。で、面積はだんだんと減らすべきだ。暮らしもだんだんに変えるべきだ。最初からすべてを投げ打って、でかいレストランやショップを借金で建てちゃって、人生をかける、というのは明らかに間違っている。従業員も利益が上がってから雇用するべきだ。その理由をこれから説明しよう。

◆新築よりも、自宅・倉庫改造でいこう

縦割り行政が批判されている。管轄する役所が複数になる場合、それぞれの連携が取れていなくて、手間ばかりかかることは大いに批判されてよい。

しかし、よい場合もある。特にレストランや喫茶店について言うならば、縦割り行政は農家の味方だといってもよいほどである。

最初から、レストランを建てる目的で、大工さんに工事を発注すると、建築基準法でがんじがらめとなる。建築費は作業場もしくは倉庫目的のときと比べて四割以上、いや場合によっては二倍になることさえある。

ところが、もともと自宅や倉庫だったところを改造してレストランにする場合は、建築基準法やら消防法やらの縛りは受けない。もともと建っている建物に、飲食店の営業許可証を発行するのは保健

所である。つまり、食品衛生法さえクリアするように改造できれば、すぐにでも許可はおりる。地目も、農地法では二〇〇平方メートルの倉庫や作業場ならば無届けでいいし、転用の必要もない。

また、先ほどの和風レストランの大地さんのように、自宅が築数百年というかやぶきの屋敷の場合、それ自体がすでに大きな価値を持っているんだ。黒々とすすけた太い梁や、数百年踏み固められた土間、開放すると奥の庭まで見通せる広々とした部屋。それらを活かしたレストランにすればいい。出す料理がたとえ洋食だったとしても、古い農家の雰囲気の中で出せばいいんだ。家屋に染み込んだ時間はお金で買うことはできない。われわれ農家は、時間という大きな財産をすでに持ち合わせているのだ。それを活かさない手はない。

◆ケーススタディをしよう

さて、最初にシミュレーションした「農家の食卓」の奥さんは料理好きで、これまでにも自分のところでとれた作物をさまざまに工夫して楽しんでいた。ご主人は手先が器用で、冬の間の暇なときに、倉庫でごそごそ木工に励んでいた。

ある日、奥さんと娘さんが、自分たちのレストランを始めたいとご主人に相談した。しかしどう考えても一〇〇万円程度しか資金の余裕がない。一〇〇万円ではとうていレストランの建物は建てられない。いったんはあきらめた。

しかし、元来自分で作ることが好きなご主人は、古くなった倉庫を改造してはどうかと思った。問題は、倉庫を改造した建物で、営業の許可がおりるかどうかだ。さっそくご主人は保健所に相談に出かけた。

「保健所としては、基準さえ満たせばどんな建物でも営業許可は出しますよ。建築確認とか、地目とかはとりあえず関係ありません。食品衛生法というのは規制するための法律ではなくて、規制をはずすための法律なんですよ」

とは、保健所の職員の言葉。

これは、俄然可能性が出てきた。業者に頼むのは給排水設備と電気の配線だけ。後は全部自分達でできる。

保健所では、どの程度の客数で、どんな料理を出すかで細かい設計が決まることを教えてくれた。たとえば、食べ物はクッキーくらいで、後はいっさい出さない喫茶店ならば、冷蔵庫だって必要ないし、流しだってそれほど大きい必要はない。一〇〇人も入るような大きなレストランと一〇人くらい入れば満員となるレストランの設備基準が違うのは当たり前だ。

倉庫は三〇坪ほどだ。当然一〇〇人ものお客は一度には絶対に入れるはずがない。当面スタッフは、奥さんと娘さんだけでやりくりするのだから、それほど多くのお客を期待などしてはいないのだ。

一冬かけて倉庫を改造したファームレストランは、五月のゴールデンウイークに合わせて開店した。

内装も外装も、テーブルも椅子も、家族だけで作り上げた。経費は一〇〇万円もかからなかった。

このように、縦割り行政の良いところを十分利用しよう。すでにある建物を利用するメリットは、初期投資額が少なくてすむだけではなく、建物を建てることに対する法的規制を受けずにすむのが一番ありがたい。

最初から大きな金額を投資するのは間違っている。失敗しがちな第三セクターのように、何のノウハウやソフトも持たずにでっかい施設をぶっ建てるような愚かなことを、農家は絶対にしてはいけない。自分たちだけでできる範囲（資金を含めて）を超えてまで取り組むのは間違っている。よけいな借金や、過大な投資は経営を誤るだけではなく、取り組む意味さえなくしかねない。

で、このようにして二、三年実際に営業してみて、ノウハウを蓄積してから地目の変更やら何やらをして資金を申し込む。そして晴れて、立派な建物を建てる、というのがスジというものだ。それが安全。でも、市街化調整区域の場合は残念だがそこであきらめるしかない。だからその点だけは前もって調べておくこと。

参考ＵＲＬ

愚為庵・大地農園　http://www.daichi.nu/

5　産直の集大成　ファームイン

◆経営者の魅力が経営を左右する

普通の旅館とどこが違うか、ちゃんと整理してから始めよう。

ファームイン（農家民宿）には、すでにかなり多くの事例がある。経営的にうまくいっているところもあるが、そうでないところもかなり多いのは事実。農家が取り組む宿泊施設と、一般の旅館業者が取り組む宿泊施設とではその考え方はまったく異なる。異なるにもかかわらず、考え方を整理せずに手を出してしまった場合は、おおむね失敗する。

すでに何度も書いてきて、いい加減に読者も嫌気がさしてるだろうけど、何度でも繰り返す。農業のすべてを情報として出さないならば、そして最初から利益だけを期待して商売を始めるならば、必ず失敗する。われわれ農家の本業は、あくまでも農業生産である。で、農業を取り巻くありとあらゆる一見くだらないとも思える情報をしっかりとコツコツと出し続けること、これが最終的に一番の強みとなる。

われわれは商人ではないのだから、心のこもらない見た目ばかりよい接客など必要はない。同様に、料理も、見た目はいいけれど、その中味はどうも、というのをまねすることはない。

ファームインは、建築基準法と、消防法と食品衛生法に縛られるから、これまで説明してきたのとはかなり事情が違ってくる。しかし、自宅の一部や、離れの一部を改修などして始める場合（用途に供する部分が一〇〇平方メートル未満、三〇坪未満の場合）であれば、これらの規制が大幅に緩やかになる。

ファームインの場合も、万一うまくいかなかったときのことを考えると、最初から大々的にやるのではなく、自宅の一部から始めたほうがいいに決まってる。

それからお断りしておくが、都市計画法施行地の市街化調整区域内では、ファームインの建設はまず不可能だ。もし取り組もうとするならば、「建物」ではなくて、たとえば、キャンピングカーなどの建物以外の物件で始めるしかない。このような例は実際にあるが、キャンピングカーでファームインを始めようとすると、その導入時のコストは膨大になる。よほどの実績か知名度、ノウハウや宣伝力がなければ成立しない。儲かりすぎて税金対策にするのなら、話はまったく別だけど……。

農家が取り組む事業として、ファームインはその集大成のひとつだといえる。その中には農家の持つ魅力や、努力、希望、夢、実力、表現力、企画力などのすべてが凝縮される。つまり、経営者の人間性そのものが問われる。

観光地に隣接している場合ならば、観光シーズンにはお客が入るだろう。けれどそれだけを目的としてファームインを始めるのならば、他の民宿と変わらない。農家がやる意味はどこにあるの？観光地に来たついでに寄るのではなく、ファームインに来たついでに観光地に寄ってもらおうじゃないの。

はっきり言わせてもらおう。そこの経営者に魅力がないならば、ファームインは失敗する。人間としての魅力でもいいし、生み出す商品の魅力でもいい。生み出す商品とは、われわれ農家の場合、作物である。あるいは、作物を利用した加工品である。

先ほどシミュレーションしたファームレストランに客室をつければ、一流のファームインとなる。大切なのは、経営者の魅力、つまり商品の魅力にほかならない。魅力ある商品とは本物のことである。農場にこそ本物がある。そして、農場にしか本物の経営者はいない。

だから、農家としてのまっとうな直売や加工を何もやらないで、単にファームインだけ始めても、おそらくは長続きはしないだろう。

ファームインの例として北海道十勝新得町のヨークシャーファームをあげたい。ここは、ファームインのすぐ裏に広大な羊の放牧地があり、宿泊客はそこを自由に散策することができる。また、経営者がガーデニングに凝っており、春から秋にかけてしっかりと手入れされた庭に、バラを中心とした草花が咲き乱れている。

ヨークシャーファームのレストランで出される料理はすべて地元でとれたもの。特にメインディッシュの羊肉は自分のところで育てた羊である。西洋では、もっともうまい肉は子羊の肉であるとされている。それが証拠に聖書では神にささげるものは子羊と決まっているではないか。一番うまいものだからお供えにするのは当たり前だ。

もちろん羊の畜舎も見学することができるし、羊毛を毛糸につむぐ作業も体験できる。ここが流行るのは当たり前なんだ。当たり前にしたのは経営者の努力と、こういうファームインにしたいというイメージの力である。

◆スキー客をアテにするな

自宅を夏の海水浴シーズンだけ民宿にしている漁師がいる。これはもう、夏だけと割り切っている。だから、特別にお金などかけるはずないし、これはこれで十分だ。

同じ理屈で、スキー場のそばならば、冬だけ漁師と同じことをすればいい。ただし、お客はきっと入らないだろう。

なぜかって？　スキー場にはホテルが付随している。ホテルが付随しているというよりも、スキー場がホテルに付随している。しかも、スキー場のホテルは、夏も稼働している。どこでもそうだが、冬よりも夏のほうがお客は入る。どこのホテルでも、冬には、特別料金を設定して安売りをして客室を埋めようと必死になる。

事実、冬場のスキー客の単価は極めて低い。ひとつの例を出すと、スキーツアーで北海道に来たお客は、ホテルの喫茶店は使わない。自販機の缶コーヒーを飲んでる。ホテルの喫茶店を使わないのではなくて、缶コーヒーを好きで飲んでるのではなくて、つまり、喫茶店でコーヒーを飲むお金さえないんだ。

この手合いを相手に商売しているホテルと、お客の取り合いをしたってしょうがないだろう？　三泊四日三万九八〇〇円北海道ツアーで東京から来るお客は、しょせんこの程度の消費能力しかない。つまりここが、第1章で解説した顧客の構造の最下層、ペネトレーション層なんだ。

ファームインとして、自分らしくありたいと願うのであれば、他の目的（スキー、海水浴、遊園地等々）で自分のところに泊まるお客ではなく、自分のところに泊まることを主目的とするお客をこそ、獲得する努力を惜しんではならない。それにふさわしい環境を整備するというのは、必ずしもお金をかけることではない。農場でしか味わえない出来事や物語を演出することがもっとも重要になる。

富良野に行ったらきっと北の国からの五郎さんや中ちゃんや純がいる、そういうのが物語なんだ。ファームインの親父が五郎さんたりえるかどうかが問われているんだ。『北の国から』は倉本聰先生の頭の中でだけ作られたものではなくて、そこにはしっかりとした農業に対する取材と憧憬にも似た思い入れが強くあったからこそ、五郎さんが実在の人物として生き生きと今でも富良野に住んでいるのである。

ファームインは、農家の六次産業化の集大成なんだ。ファームインを始める前に、直売を、ファームレストランを始めよう。それからでも決して遅くはない。そしてあきらめずにそこを目指そう。

参考ＵＲＬ
ヨークシャーファーム　http://www.york.co.jp/

6　体験農場　集客のコツ

ここのところ、日本人の「ぐるぐる観光地見て歩き」型も、一段落かなあという状況になってきた。ただ見て歩くだけではなく、「試してみる」「体験してみる」要素も少しずつではあるが定着してきたようだ。

よくバスツアーなんかに組み込まれている体験メニューを拾ってみよう。

まず、焼き物の絵付け。

場所によってはロクロをひかせるところもあるけれど、それは例外。ほとんどが時間のかからなくて、失敗のない「絵付け」が主流だ。観光地には、ほとんど「なんたら焼き」というのがあって、その窯元がアルバイトにやっている。

で、バター作り。

牛乳をペットボトルに少し入れて一五分ほどふりまわすと、バターができる。それだけのことだが、今のところ人気がある。

それと、観光農園。

イチゴや、サクランボ、リンゴ、ブドウなどの果樹園での、もぎとり食べ放題一時間一〇〇〇円なんていうやつ。

さて、それぞれ工夫があって、参加して面白かった、次もまた来よう、というのならばそれでいいのだけれども、果物のもぎとり体験以外は、たいてい子供だましの域を越えるものではない。原因は、まずバスツアーの時間のなさが大きい。それと、体験を実施する業者が、いわゆる「その道の業者」である場合が多いことも挙げられる。「体験業者」とでもいおうか。

果物のもぎとりは古くから人気があるし、そして実際に楽しい。どうもここいらに、農家が取り組む体験の本当の面白さがあるような気がする。

今はかなりはしょっちゃうけれども、かつてやっていた私たちの体験メニューを紹介しよう。

バスが入ると、花のある時期（六月～一〇月）ならば、ビニールハウスに直行。バラがどんなふうに咲くのかをゆっくりと見てもらう。同時に、栽培上の問題点、工夫していること、品種の特性などの話をする。この段階で、「病気や害虫の防ぎ方、冬越しの仕方、追肥の仕方、うまく咲かない」など、たくさんの質問が出る。そのひとつひとつに、ていねいに答える。一般の消費者が、直接農家に質問する機会はほとんどないから、毎回好評だ。これが野菜や米だったらと思うと楽しい。

次に、ドライフラワーの乾燥室を見せる。ピークで一万五〇〇〇本のバラを一時に乾燥させる施設だ。ドアを開けた瞬間、歓声があがる。バラの香りが充満した乾燥室を見せることが、私たちの売り物でもある。

そして、いよいよ体験工房でリース作り。それぞれの作った作品を見せ合い、合評会もする。それが終わってギャラリーでお買い物となる。

体験料金は二五〇〇円から。所要時間は二時間以上。

これほどの時間を、一般のツアーで費やすことはまれだ。初めエージェントはいい顔をしなかった。「二時間も持つんですか」なんて失礼なことを言う人もいた。実際には、二時間では足りないし、お客の評判も極めていい。

うちは「体験業者」ではない。体験をアルバイトだとも思っていない。もちろん率のいい稼ぎ仕事だと思っていないこともないけれど、うちが体験に力を入れるのは、宣伝と啓蒙の意味合いが大きい。

日本のドライフラワーは残念だけれども消費者から軽く扱われている。ドライフラワーをお金を出して買うようになったのはようやくここ数年のことである。しかも、市場に出回っている輸入物などのドライフラワー製品の質は極めて悪い。

本物のドライフラワーとプロのデザインに触れてもらうことが、今ドライフラワー業界にとって一番大切なことだと私は考えた。なぜなら、本物を知らなければ、粗悪な製品を消費者が排除できないからだ。だから中途半端なことは教えないし、体験だからといって、悪い材料なんか絶対に使わせない。そして、全員が満足できるデザインを実現することを最重要課題としている。

ここまでやらないと、お客は満足しない。「体験業者」なんかには絶対に負けないし、負けているようでは、体験なんかする値打ちがないと思ってやっていた。

でも今は、こういう体験は、大幅にはしょってドライフラワーのアレンジメント体験だけにした。ナンデかというと、採算に合わないからだ。体験のためにスタッフを雇うのではまったく利益が出てこないのは、値決めの失敗談で書いた。

要するに、自分たちで楽しめなくなるようではやる意味がないので、やめたのだ。撤退する勇気というのも時には必要だ。今にして思えば、撤退する勇気がなかったからでっかい借金を作って苦しんだのだ（遠い目）。

あ、話を元に戻すと、一つの製品ができあがる工程のすべてを見せるメリットはやはり大きい。これができるのはメーカーだけである。流通業者よりも有利だというのはここのことだ。圧倒的な情報の量しかもすべてが目に見える情報であるという点において、「体験業者」など足元にも及ばないのだ。農家のすべてが体験業者に負ける理由はひとつだってありはしないのである。

◆農家の日常は、そのまま見せるだけで十分楽しい

「いつでも、この体験ができます」と宣伝するのには、かなりの実力が必要だ。そのための経費もバカにならない。では、なるべく負担が少なく、しかも楽しい体験のメニューとは何だろう。

私の住んでいる近所に、「ワラ靴」を編むおじいさんがいる。この人は、もちろん農家で、暇なときには靴を編んでいる。正月時期ともなれば、しめなわも編む。地元の神社の鳥居のしめなわもこのおじいさんが毎年編むんだ。

農家の倉庫に、今はもう使わなくなった昔の「豆の選別機」があった。プロペラを回して風を起こし、そこを通過する豆を吹き飛ばす。良い豆とそうでない豆は重さが違うので、着地場所に差が出る。これを利用した機械なんだけど、子供にこれを見せると絶対に喜ぶだろうなあ。だって、冨田が夢中になったから。選別ってのは気分がいいもんだなぁ。

田植えだって見てると興味はつきない。田植え機が苗を「ちゃっかちゃっか」なんていいながら、次から次へと植えていく様は、いつまで見ていてもあきない。

玉ネギやジャガイモ選別作業だって面白いし、精米工場で、モミのついた米が白米になっていくのを見ているのだって楽しい。

要するに、私たち農家が日常的すぎて見落としているものが、実は、面白いものなのだ。しかも、

体験農場だといっても、構える必要はない

それこそもっともっと消費者や子供たちに見せなくてはいけないものではなかろうか。

体験だといっても、構える必要なんてない。たまたまうちはバラのドライフラワーを扱っているから、それを見せているだけのことで、私たちにとっては日常のことに過ぎない。

トラクタで「かまかす」と、ころころジャガイモが掘り出されてくるところを子供らに見せてみな。喜ぶぞー。ちっちゃいイモをごしごし洗わせて、大鍋でゆでて食べさせてみな。みんなにこにこするぞー。

人生をかけて、何事かに向かい合ってる人と仕事の、ほんの一端に触れることがすばらしいんだ。それが体験なんだ。それに触れることによって、「誰もが一生懸命に生きてる」んだということを確認することが今の子供たちには必要なんだと思うな。

お金をかけることはない。けれど、知恵と手間ひまを惜しんではいけない。

◆バスを呼ぶ方法――まずは小学校のPTAの研修旅行をねらえ

体験型観光が盛んになってきたとはいえ、観光地を回るツアーのバスを呼ぶのは、そう簡単なことじゃない。分単位のスケジュールがすでに完成されているところに食い込ませるのはまず不可能だ。だってひとつ増やしたならばこれまでのどこかをひとつ減らすことになる。

ツアーの企画担当者にとって大いに勇気のいることだ。無難に、可もなく不可もなく、おおむねこんなもんだろうという「公式」を壊す作業になるからだ。

しからばどうするか。「これならいける」と思わせるような実績を作ってしまうことだ。

多くの小学校にはお母さんたちの研修旅行というのがある。朝九時頃学校を出発して夕方四時頃までに帰る。研修だから、どこかで何かを学んだり、体験したりする。まずはここに食い込むのだ。旅行代理店は、修学旅行などで学校とつながりがあり、お母さんたちの研修旅行などの手伝いも、ほとんどボランティアでする場合が多い。

それに、毎年のことだから、近場の体験できるところはすべて行き尽くしている。かといって新しいところを積極的に探すほどのこともない。旅行代理店だって、利益にさほど貢献しない企画には真剣になれない。

◆PTAにDMを出そう

私たちの方法をお教えする。

うちまでゆっくり日帰りできるすべての小学校にDMを出す。私たちが住んでいる伊達市を中心にすると、北は札幌、小樽、南は長万部、森町くらいまでがエリアとなる。小さな小学校だからとバカにしてはいけない。とにかくすべての小学校の「PTA研修旅行担当者様」と書いて送る。同時に、これらの町をカバーしているであろう旅行代理店の小学校修学旅行担当者に、同じものを送る。DMの内容は、自社が何をやっているか、特徴、何が体験できるのか、料金、所要時間、申込方法、必要な持ち物、連絡先と担当者名を書く。体験で作る物の写真も同封する。

で、こんなことでお客が来るのかと、最初は私もそう思った。思っていたから、DMを出した範囲は伊達市の隣町まで。しかも、小さな学校は省いた。DMの数は三五通だった。が、一一校も来たのにはびっくりした。

◆DMを出す時期

コツは、PTAの役員が代わる直前か直後に、タイミングをはずさずに出すことだ。時期は、三月下旬から四月中旬までだ。これより早ければ、旧役員さんの手に渡り、「もう関係ないわ」とごみ箱に捨てられる可能性がある。これよりも遅ければ、すでに年間計画が決まってしまって、手遅れということになる。

この学校企画は、多少料金を安めに設定する。宣伝費だと思ったほうがよい。主婦の口コミの力はバカにできない。だから、この企画は、絶対に成功させなくてはならない。一〇〇%満足させて帰さなくてはいけない。もし不評だったとしたら、旅行代理店はもちろんだが、「あそこはつまらなかった」という悪い評価が定着するのには、さほど時間はかからない。一度落とした評価の回復はほぼ不可能だと思ってよい。

旅行代理店なんて現金なもので、面白い、受けるとなったら掌を返す。

それから、旅行代理店はたくさんあるけど、その中から、ここぞと思うところ一社とだけ契約すること。

一社だけで大丈夫か、と思われるかもしれないが、心配ご無用。バス会社は、当然複数の旅行代理店と契約しているし、添乗員同士は盛んに情報交換していて、常に面白いものを探している。一社がまともに機能し始めたら、あとはほったらかしといても注文は入る。

◆体験農場に必要なもの

まず第一にほとんどのお客が女性と子供。女性と子供が来る施設に絶対に必要なものはというと、トイレである。特に女性は必ずトイレを使うと考えてよい。三〇人きたら三〇人、確実にトイレを使う。五〇人きたら五〇人が確実にトイレを使う。

で、よく見かけるのが、建築現場用の簡易トイレ。あれはよくない。絶対によくない。見た目も悪いし、第一臭い！　女性がそこの印象を決めるのはトイレがきれいかどうかということにつきる。トイレにはがんばって金をかけよう。お金をかける値は必ずある。

体験は全部楽しかったけれども、あそこはトイレがちょっとねー、という声というのは、客足を鈍らせるとても大きな原因である。

たとえば、花火大会。

花火大会のときにもっとも重要となる施設はトイレだ。花火大会だけではなく、野外の大きなイベントの時には必ず大規模な仮説トイレが運び込まれる。これがないとどういうことになるかというと、これは実際にあった話なんだけれども、よせばいいのにある花火大会で、ビールをしこたま飲んじゃった女の子。夏とはいえ北海道の夜は結構冷える。ビールをしこたま飲んで、冷えてくるとこれはどういうことになるかというと、まあ、催すんだな。最初は我慢できる。しかし、探せども探せどもどこのトイレの前も長蛇の列。

一人三分としても（女性のトイレは不必要に長いので）一〇人で三〇分。二〇人で六〇分。女の子はあせった。しかしいくらあせっても、我慢には限度というのがある。男であれば、まあ、緊急的な行為に及ぶことが、可能といえば可能であるが、うら若き女の子はそうはいかない。で、その女の子がどうなったかについては皆様のご想像のとおりである。このような体験をしちゃった女の子は、おそらくはもう二度と死んでも花火大会には行かなくなるであろう。この責任は、花火大会を開いた主催者にあるのは言うまでもない。集まったお客さんに対してトイレの数が圧倒的に足りなかったのである。

ことほど左様に、トイレというのは重要である。

◆駐車場

体験の規模にもよるけれども、私たちのところについて言うならば、大型バス二台が楽に止まれるスペースを準備してある。普通の車であれば、上手に止めれば二〇台を止めることができる。バスが入るためには、アスファルトの舗装をする必要はないけれども、砂利を敷くくらいのことはしないといけない。女性がメインの商売であるがゆえに、靴を汚さないようにしたいという理由もある。体験に来るんだから普通はスニーカーで来ると思う人が多いのだけれども、ところがどっこい。結構ハイヒールで来る人が多いのだ。特に農家の若妻会の人々はハイヒールで来る確率がかなり高い。TPOというのが通用しない世代というか、階層というか、グループというのが確実に存在するのである。

駐車場というのは、車社会である以上、トイレと並んでの必須条件となる。

で、そのほかには、手を洗うスペースとか、それと同時に、収穫した野菜を洗う場所（特にイチゴやブドウなどのような果物は）が必要になる。

7 デパートの催事はほどほどに

直売のひとつに、デパート催事というのがある。これについても一言だけ解説しておこう。

私たちもドライフラワーを始めた当初、首都圏の百貨店に毎年三回くらい出展した。催事に参加したこともあるし、独自企画のときもあった。この催事は結果として四年ほどで全部やめることにした。なぜか。

ここで、メリットとデメリットを解説しておく。営業開始当初はいざ知らず、長期間続けるものではないと思う。ほどほどにというところか。

【メリット】

・知名度が上がる

自社パンフなどを大量にばらまくことができるし、自社製品を多くのお客さんに見てもらうことができるという点でメリットは大きい。自社製品がどのように消費されてゆくのかを知るいい勉強の機会にもなる。

【デメリット】

・思ったほど利益が出ない

百貨店側が三五から四五％も持っていっちゃうので、売り上げの割に手取りが少ない。交通費や宿泊費などはこちらが負担することが多いので、差し引きすると行っただけということになるケースもある。

・どえらいエネルギーを使う

催時の準備に費やす時間的負担と、仕入れなどが新たに発生するための経費的負担が思った以上に大きい。特に、催事用の商品の準備におよそ一カ月以上かかったりするので、売り上げと照らし合わせると、赤字になることもある。

要するに、知名度が上がること以外には、さほど大きなメリットは認められないのである。ただし、うちのようなドライフラワーのデザインを主力とした経営の場合、東京で認められなければ、地方ではまったく認知されないし、むしろバカにされることさえある。地方は東京を拝んで暮らしているからね。この意味では、自分たちの評価を正当なものに持ってゆくためには百貨店の催事や企画を利用するのにも違う意味でのメリットはあるといえる。

ただ、一日立ちっぱなしで接客して、一週間単位でのホテル暮らしというのは、まことにもって神経に悪いということだけは言えるな。私などは三日で完全にいやになった。

で、夜どこかに遊びに行けばいいようなもんだけれども、疲れ切ってるのでそんな余力はこれっぽっちも残っていないのだ。百貨店からホテルに帰る途中で、適当に寂しくラーメンなどを食って、そのまま帰って寝るだけという暮らしになるんだな。

何事も経験というから、二年くらいは、試しにやってみてもいいかもしれない。

で、催事関係に参加したい場合には、道府県の流通対策課などに相談すればいいだろう。あるいは、地元の普及員さんや市町村役場の商工観光課などに相談してみるといいだろう。喜んで呼んでくれるよ。

第5章　番外編

保健所との付き合い方

1　食品衛生法とは

自分で育てた作物を、未加工で販売しているうちは何の許可も必要ない。加工することによって付加価値がつき、あるいは貯蔵が可能となり、さらに有利に販売できるようになる。

食品衛生法第二〇条の「営業施設の基準」を満たしていれば、営業許可がおりる。これはどっちかというと縛るためのものではなく、やりたい人にどんどんやってもらおうという方向で最低限の基準を設けたものだから、難しい言葉で表現されているけれども、中身は常識的なものばかりだ。

とはいえ、農家にとっては初めてのことだから、不安もあろう。保健所に行く前に、何をどうやって考えればいいのかの参考にしていただきたい。なるべくわかりやすく書くようにするけれど、なんせ相手が法律だから、おかしなことを書いて「冨田の野郎」って言われると、辛いだけではすまなくなる。珍しく緊張するな。コ難しくなったら、そこは勘弁してください。

◆加工所の許可を取る

農畜産物を製造、加工、販売、貯蔵しようとする場合には、安全性や栄養価、衛生などの点について常に厳しく管理しなくてはいけない。せっかく自分で育てた作物を、直接消費者に食べてもらうのだから当たり前だ。

これらの点を管理するための、最低限の基準が食品衛生法だ。食品衛生とは、食品を食べることによっておきる危害、たとえば食中毒などを未然に防止して、消費者が安心して食品を食べることができるようにすることだ。

それで、食品衛生法では三四業種を挙げて、これらの営業をしようとするものに対して、都道府県知事の許可を得なさいと決めているわけだ。だけど個人の農家や小さな法人がすぐに取り組める業種は実際には限られている。考えられる業種は、菓子製造、アイスクリーム製造、味噌製造、納豆製造、そうざい製造、漬物製造、ハム・ソーセージなどの食肉加工の七つくらいだろう。漬物は実は三四業種に入ってないのだけど、北海道の場合は条例で制定されている。おそらく全国的にも規制があるはずだ。

どんな加工施設にすればいいのかということは、それぞれの取り組む加工品によって違いがあるのは当たり前だ。製造するものによっての特有の施設。たとえば、ハムやソーセージなどの薫製を作ろうとする場合などには、当然薫煙室が必要になるし、味噌や醤油なら熟成させる場所（発酵室）も必要になる。これらは都道府県によってそれぞれ若干の違いがあるので、地元の保健所で相談するのがいい。

床や壁、天井の材質なども、物によって若干の違いがあるし、作る量によっても、違いが生じる。

保健所は決して杓子定規に判断する役所ではないから、率直に相談すること。

◆食品衛生責任者になろう

加工販売するには、施設許可ともう一つ、食品衛生責任者の設置が必要になる。グループや会社組織の場合は、メンバーに一人いればいい。次のいずれかの資格をもった人が食品衛生責任者と認められる。

1　調理師、栄養士または製菓衛生士
2　大学で医学、獣医学、薬学、水産学、畜産学、農芸化学などを修めた人
3　知事の指定した食品衛生責任者資格養成講習会を受講した人
4　そのほか知事の認める人

3の資格は、「与えること」を目的としているので、一日机に座って先生の話をじっくりと聞いていれば、みんな間違いなくもらえる。ただ、地方によっては、そんなにしょっちゅうは講習会が開かれないので、あらかじめ保健所に申し込んでおくとよい。普通二カ月か三カ月に一度は開かれている。

食品衛生責任者の仕事は次のようなものだ。

1　担当する施設、部門の衛生管理を行なう。
2　衛生管理上の不備などを発見したときには、営業者（経営者）に改善するように提言する。

ニンジンジュースの表示で注意すること

原材料名：製品にしめる重量の割合の多い順に一般的な名称で記載。ただし、濃縮ニンジンを希釈して製造した場合には「濃縮ニンジン」と記載

品名：ニンジンジュースとはニンジンを破砕して搾汁し、または裏ごしし、皮などを除去したもの。糖類、香辛料、調味料の製品にしめる重量の割合が3%未満のもの

内容量：グラム（g）ミリリットル（ml）などの単位を付して表示する

品　　名	ニンジンジュース
原材料名	ニンジン、レモン、トマト
内 容 量	280g
賞味期限	2004.4.30
保存方法	直射日光を避けて保存する
製造者または販売者	㈲ファーマーズバスケット 北海道伊達市上長和町79-13 TEL 0142-00-0000

賞味期限（または消費期限）：平成16年4月30日または16.4.30または160430や2004年4月30日または04.4.30または040430「.」のかわりに「／」でもいい

保存方法：ガラスビン入りで紙のふたの場合は、「保存温度○○℃以下」、金属のふたの場合は、それぞれの特性に従って「直射日光を避け常温で保存すること」と表示する

製造者または販売者：氏名、名称、住所を記載する

そのほかの注意点
文字の大きさ：表示に用いる文字の大きさは8ポイント（JIS規格）活字以上の統一のとれた活字を使う

★表示禁止事項
①生、フレッシュその他新鮮であることを示す用語
②天然、または自然の用語
③一括表示事項と矛盾する用語
④その他内容物を誤認させるような文字、絵、その他

図4　表示の例

3　営業者（経営者）とともに、従業者の衛生教育に努める。

4　知事の指定した講習会を受講し、知識の向上に努める。

いくら農家がやることだからといって、この辺で手抜きをすると、一気に信用をなくす。一般の消費者にすれば、専門のメーカーだろうが、農家の副業だろうがそんなことは関係がない。

◆表示はどうする？

食品衛生法第一一条では、販売用の食品、添加物などに関する表示について基準を定め、その基準に合う表示がなされなければ、販

売、陳列、使用を禁止している。

たとえばニンジンジュースの場合、図4のような表示になる。

どこで、誰が、どんな材料で作ったか。また、どのような方法で保存すれば、いつまで食べられるかを表示するわけだ。当たり前のことばかりなんだけれど、いざ表示するとなると、実は結構ややこしいし、食品によって内容も異なる。保健所には表示専門の冊子が用意してあるから、しかもただだから、それを参考にしていただきたい。

それから、表示の中で必要になる賞味期限やら、消費期限やら、品質保持期限やらは、用語がごちゃごちゃで、何が何だか正直言ってよくわからないよね。わかりやすく書くのはかなり難しいのだけれど、次のようになる。

◇消費期限

冷蔵など、指定された方法で保存した場合、腐敗、変質その他、その食品の劣化の伴う衛生上の危害などが発生しない期限。期限は、製造日よりおおむね五日以内を目処に、比較的「日持ちのしない食品」に使われる。

◇品質保持期限（＝賞味期限）

冷凍、冷蔵など定められた方法で保存した場合、その食品のすべての品質が十分に保持されていることが可能な期間。比較的「日持ちのよい食品」に使われる。

「指定された保存方法」というのも、少し解説が必要になる。

常温で保存できます、という表示をよく見かけるが、これは、メーカーのかなりの自信と確信が予感される。これはいかなる条件下でも品質が保持できる期間を意味するからだ。農家にはちょっと手が出ない。手が出ないだけではなくて、そんな必要はない。なぜかというと、この条件を満たすためには、相当な添加物を使用せざるを得ないからだ。普通農家が自分で育てた作物を加工販売するときに、ここまでする必要はない。

「直射日光に当てないでください」「一〇度以下で保存してください」「マイナス一五度以下で保存してください」など、その食品にもっともふさわしい保存方法を表示すればよい。

◆PL法は保険に入れ

食品衛生法とはちょっと違うけれど、PL法についても少し解説する。

PL法は「製造物責任法」のことで、消費者が製品の「欠陥」によって被害を受けたときに、製造者に対して損害賠償を求めることができる法律である。ご存知のように、平成七年七月一日に施行された法律だ。

損害賠償の対象は、身体への被害だけではなく、自分の持っているものにまで拡大される。これを拡大損害という。

たとえば、「食品を食べたら、その中に入っていた異物でさし歯が折れた」「食品のフタや袋を開けたときに、フタや袋の不備によって衣服が汚れたのでクリーニングに出した」など。だけど「さし歯」でも、「硬い煎餅を食べたらさし歯が折れた」なんてのは拡大被害にはならない。なぜかというと、煎餅はもともと硬い食品で、それをわかって食べたほうが悪いからだ。

しからば、「欠陥」とは何か。製造物の欠陥とは、「製造物が通常有すべき安全性を欠いている」ことをさす。それは、製造業者が製造物を引き渡した時点に欠陥があったかどうかで判断される。消費者がその製造物をどう使うかを製造者が規定する必要もある。たとえば、「マイナス五度以下で保存してください」という表示を無視して室温で、しかも品質保持期限を大幅に越えて保存していた食品を食べて、食中毒を起こしても、それは製造者の責任とはならない。「電子レンジで加熱しないでください」との表示を無視して、袋が爆発して電子レンジが壊れても製造者の責任とはならないなるはずがない。

ところで、「製造物責任法」の製造物とは何だろう。それをハッキリさせておかないと、何がPL法の対象となるのかわからない。

「製造物」とは、製造または加工された動産をさす。未加工の農林畜水産物は、基本的に人間の手ではなくて、自然の力を利用して生産されるものだから、PL法の対象にはならない。けれども結局、加工か未加工かの判断は、一般的な社会通念に照らして判断される。

▼加工（ＰＬ法対象）とは、
加熱（煮る、蒸す、焼く、煎る、ゆでる）、味つけ（調味、塩漬け、薫製）、粉挽き（製粉）、搾汁など

▼未加工（ＰＬ法対象外）とは、
単なる切断、冷凍、冷蔵、乾燥といったところだ。

いずれにしても、農家が加工品を作って販売する場合には、万が一に備えてＰＬ共済に加入するべきだろう。保険会社や業種別団体などで、各種の保険共済の運営が行なわれている。特に食品では、（財）食品産業センターで「食品産業ＰＬ共済」が創設されている。北海道では、北海道食品産業協議会が窓口になっている。他の都府県にもそれぞれ窓口があるはずだ。

◆とにかく保健所に行こう

正直に言って、この食品衛生法すべてをすでにクリアして、加工販売を軌道に乗せている農家の方々がたくさんおられることに、深く敬意を表する次第です。

これからやろうという人は、何はともあれ保健所のドアをノックすることをお勧めする。保健所の職員は、間違いなく真剣に、しかもわかるまで何度でも詳しく、時に厳しく指導してくれるはずだ。

保健所の職員さんは、間違いなく真剣に農家の相談に乗ってくれる

「農家のすることだから、あまり厳しい基準でなくてもいいのではないか」という議論がある。しかしこれは明らかに間違っている。消費者にとってはその食品を誰が作ったのか、そんなことは問題ではないからだ。大手メーカーだろうが、一個人の農家だろうがそんなことはいっさい関係ない。

私が話をうかがった室蘭保健所の職員の一人がこう言った。「食品衛生法はあくまでも、最低限の基準です。普通の食品加工会社でも、これよりもはるかに厳しい社内基準を持つところがいくらでもあります」

われわれ農家も、この言葉をキモに銘じようではないか。

2　飲食店（ファームレストラン）と食品衛生法

次に食品衛生法の飲食店に関する部分だけ解説してみよう。

基本的な考え方は前と同じ。また、ファームインの場合の食事提供も飲食店営業に含まれる。食品製造業と同様に、食品衛生責任者の資格が必要だ。

◆食品取扱い設備の管理保全

・布巾、包丁、まな板は消毒し、乾燥させる。
・水道以外の水を使用する場合は、年一回以上水質検査が必要。成績書は一年間保管する。水質検査の結果、飲用不適の場合は、保健所長の指示を受ける。
・従業者の健康診断の実施。
・従業者が食中毒の原因や飲食物を介して伝染するおそれのある疾患に感染したときには、食品の取扱いに従事させない。
・営業者は、施設、器具、食品などの取扱いに係わる管理運営要領を作成し、従業者に周知徹底させる。

◆施設基準

・調理室は、家族や従業者の居住区と別室または仕切りで区画する。作業場と客室は、ドアや仕切りなどで区画する。
・配膳室を設ける。
・掃除しやすいように、床と腰張り（床から一メートル）は耐水材料で作る。
・天井の高さは、床上二・一メートル以上、明るい色。
・調理室、客室は自然光線を入れる。
・夜間の照明は、調理室の手元で五〇ルックス、隅で二〇ルックス以上。
・調理室、客室は、通気のよい構造とし、火気などを用いるところには、通風装置を設ける。
・トイレ、調理室には流水受槽式手洗い設備、逆性石鹸を設ける。

とまあ、これくらいだ。どれをとっても、当たり前すぎて、こんなことまで言われるようではしょうがないなと思ってしまうことばかりである。ちなみに天井の高さの二・一メートル以上というのは、ごく普通の家の天井でも二・三メートルはあるのでほとんど心配はない。知り合いの大工さんに聞いたら、二・一メートルの天井ではとてもじゃないが狭っ苦しくて住めたもんじゃないそうだ。

くどいけど、改造、あるいは新築を始める前に、保健所に相談に行くことをお勧めする。保健所の職員は、間違いなく親切でていねいに指導してくれる。

3 食品衛生法は農家を守るためにある

先ほど、都市計画法は無視してもいい、「農業倉庫でやれ」と主張したけれども、食品衛生法はこれではだめだ。絶対にだめなんだ。

あらかじめお断りしておくが、都市計画法施行地の市街化調整区域内では、ファームインの建設はまず不可能だ。もし取り組もうとするならば、「建物」ではなくて、キャンピングカーなどの建物以外の物件で始めるしかないが、成立しがたいワケは先ほど書いたとおりだ。

で、無許可ファームインの具体的な例を挙げて解説する。

全部実際にあった話なんだけど、本来であれば具体的に実名を挙げて批判するべきなんだろうけれども、武士の情け、百姓同士ということで、行政についても農家のためと信じてやったことなので、担当部署の名前などを書くことは差し控える。

通常ファームインの経営はよほどのことがなければうまくはいかない。集客を大手旅行代理店にも依頼する必要が生じる。このとき、大手旅行代理店の契約の基準というのは、食品衛生法や消防法の基準などよりもハルカにハルカにそれはそれは厳しいのである。食品衛生法など、縛りをはずすための法律ですよと、保健所の職員が言うのもまったくうなずけるんだ。

旅行代理店の厳しい基準をクリアするうえ、毎年の確認の検査がある。消防署の検査も毎年ある。とまあこのようにプロであれば当然の基準を満たすためにはどれほどの資金が必要か、ご想像いただきたいのである。

ところが、北海道のとある農家は、旅館業法を無視してファームインを始めたのである。ここはすでにレストランの許可を得て営業している。つまり食品衛生法を知らなかったということはありえない。同時にファームインは民宿として消防法の許可も必要で、旅館業法の規制も受けることを知らなかったとは言わせない。

で、もちろん所轄の保健所はたびたび警告していた。しかしそこの経営者はそれを無視した。お客を宿泊させて飯を食わせるという行為で銭を取る以上、最低限の基準はクリアしていなければいけないのは当然のことであるが、それを怠っていたのだ。許されるはずがない。

そもそも、食品衛生法とか、旅館業法とか消防法とかは、お客さんを守るという側面もあるけれど、そこの経営者を守るという性格も強いのである。たとえば、食中毒を出して、運悪く被害者が入院してしまったとしよう。無許可のもぐり業者がこの事件を起こした場合、これは業務上過失傷害だけじゃなくて、重過失傷害となっちゃうんだな。つまりは即刻逮捕される刑法犯罪となるんだ。

許可を得ている場合であれば、民事上の責任は当然生じるけれども、刑法犯罪とはならないんだ。

もちろん衛生管理などで著しい不備があればもちろん逮捕もありうる。

つまり不可抗力の範囲であれば（ほとんどがこの範囲）、要するに、営業停止措置ですむ。営業停止ですむのと、業務上過失傷害で逮捕されるのとではその意味合いはまったく違う。

人の食べるものを取り扱うというのはそれくらいに責任が重いことだ。にもかかわらずこの農家は、いっさいの許可を取らないで営業していたのだ。

で、この話には、続きがある。

北海道は農家民宿をどんどん普及させようと、税金を使って一生懸命宣伝に努めている。これは非常にいいことなんだ。いいことなんだけれども、今回は手落ちがあった。この無許可民宿を出版物とホームページで宣伝に加えてしまったんだ。これはいかなることかというと、北海道庁の本庁担当部署は、各支庁に、該当する農家民宿を紹介させたんだ。で、それを「検証」することなく、掲載してしまったんだ。まあ、常識から言って無許可のところが、支庁を通して上がってくるなどということはありえないので、油断していたとしても無理はないけどね。

さらに悪いことに、無許可営業している農家民宿のある支庁の農政部は、無許可であることを知っていたんだな。地元のほかのファームイン経営者からクレームが行っていたんだから。クレームが行くのは当たり前。一軒のために全体のイメージが著しく低下することになるからね。

地元の普及所は当然だけれども、北海道も大慌てでこの事実を確認して、せっかく印刷したパンフレットを回収して（私は持ってるけどね）、ホームページからも削除した（私は保存してあるけどね）。

人の生命にかかわることなので、この問題については、農家全体の信用にかかわるから強く批判しておきたい事実である。

この無許可の流れというのを助長するような動きが北海道内にあるのは大変遺憾に思う。宿泊費として請求するのではなくて、「実費」「講習料金」として徴収するという逃げ道を考え出したグループがあるのだ。言いたいことは大変よくわかる。やりたいこともよくわかる。

しかし日本は法治国家である。

悪法も法である。

ヨーロッパのグリーンツーリズムをどこぞのガッコのセンセと、国の役人がまねっこして日本にも導入したのだけれども、そのよって立つやり方がまったく違うのだ。

ヨーロッパの場合、完全なB＆B（朝食とベッドだけの提供）で、シャワーがないところさえある。これは文化の違いなんだ。要するにヨーロッパでは、引退した年寄り夫婦が、余っている空き部屋をいっさい改造などしないで、いいかい、「よけいな資本をいっさい投下しないで」、お客に貸し出しているんだ。お金はかけていないんだ。

で、それを規制する法律もないのだ。消防法も旅館業法も適用されない。もしあっても極めてゆるいものだ。なきに等しいほどゆるい規制である。

ところが日本の場合、ある程度以上の資本を投下しないと、改築さえできないだろう。資本を投下しちゃった以上お客に泊まってもらわないと元が取れない。そもそも、グリーンツーリズムとは「お金をかけてはいけないやり方」であるにもかかわらず、法体系を整備しないまま外ヅラだけを輸入しちゃったもんだから、あちこちで勘違いした農家が続出して、実際にはえらいことになってる。

法改正を強く望みたいところだけれど、規制緩和というのは特に今回は、総務省と厚生労働省の二つが絡んでいるので、場合によっては国土交通省も絡むので、ほとんど不可能だろうなあと思う。残るのは、経済特区で、農業の規制緩和を推し進める県が出てくることだけれども、それについても望みが薄いなあ。

おわりに

「あなたは誰ですか？　何者ですか？」

インターネット産直の講演会でこう切り出すことが多くなった。参加者はぎょっとして、「この親父はいったい何を言い出すのか」という顔をする。ぎょっとされようがされまいが、反感を買おうが買うまいが、かまわない。

二一世紀の農産物販売では、農家の「自我（アイデンティティ）」が問われているのだ、と私は信じているからだ。

「冨田は、産直、それもインターネットで直売してるからそう思うんだろう？　俺は農協出しだからそんなの関係ないよ」と思う人もいるだろう。でも、ちょっと待った。本当にそうか？　農協や市場に出荷すれば、そんなこと考えなくていいのか？　気にしなくてもいいのか？

残念ながら、そんなある意味幸せな時代は終わってしまった。今や、どんな販売チャンネルを使ったって、その物流の仕組みを越えて、消費者は生産者を意識している。それがニーズなのだ。だから、たとえ農協に「生産財」として販売するとしても、我々農家は消費者のニーズに応える必要がある。

そこが今までの教科書とは違うところだ。

これからも物流と情報は分離し続ける。それが情報化社会の本質だからね。

そこでは、どんな売り方をしていたとしても、「自分の農作物を自分で販売しているんだ」という自覚が農家には必要とされる。その自覚を根幹で支えるのが「自分は何者か」と問う力、つまりアイデンティティだ。

もしここがぐらついていたら、販売のための情報発信だって、上っ面でつまらないものになる。消費者の心をグッとつかむものには、なりっこない。信用されるはずがない。もちろん売り上げだって伸びるわけがない。

このことは、販売を志す農家なら誰でも最初に考えていそうで、実は誰もあまり真剣には考えてこなかったこと、誰も教えてくれなかったことだと思う。少なくとも、そのことをまじめに考えなかった冨田自身が、どえらい借金を抱えて地獄を見る結果になった。

というわけで、「おらは、いったい何者なんだろうか?」と、今なお胸に手を当て、深く自省しつつ、皆さんにお聞きしているわけなのだ。

産直農家の集団「元気ねっと」でも「アグリコミュニケーション」でも、ホームページの作り方など製作技術にかかわる議論と同様、「お前は何者か?」を問う農家同士の本質的な議論が多い。ここには普及員の方もたくさん参加しているが、農家自身に自らのアイデンティティを問うことを迫る、という普及はこれまでなかったそうで、普及の仕事自体を問い直す契機にもしていただいている。

そこで、本書をお読みくださった皆様。

「アグリコミュニケーション」という団体の目的は「ホームページ販売の成功を目指す」である。しかし、その中では「われわれ百姓はいったい何者であるのか、何をしたいのか」も活発に議論されている。ぜひふるってご参加いただきたいと思う。

最後に、繰り返しになるが、本書を書くにあたって「元気ねっと」と「アグリコミュニケーション」の諸君には多大なご協力をいただいた。深く感謝する。この本は、諸君の苦闘の集大成でもあります。

アグリコミュニケーション（通称アグリコ）のホームページ　http://www.agrico.org/

【著者紹介】

冨田　きよむ（とみた　きよむ）

1958年北海道生まれ。
ドライフラワー用花栽培，ドライフラワー教室，インターネットを通じたドライフラワーレッスン。

1999年
インターネット産直農家と「元気ねっと」設立。

2000年3月
噴火災害情報サイト「有珠山ネット」を立ち上げる。

2003年10月
NPO法人「アグリコミュニケーション」設立。

ホームページ：
http://www.farmersb.com/

やらなきゃ損する
農家のマーケティング入門
失敗しない値段のつけ方から売り方まで

2004年 3 月 30 日　第 1 刷発行
2010年 5 月 5 日　第 8 刷発行

著　者　冨田　きよむ

発行所　社団法人　農山漁村文化協会
郵便番号 107-8668　東京都港区赤坂7丁目6 - 1
電話 03(3585)1141(営業)　03(3585)1147(編集)
FAX 03(3589)1387　振替 00120-3-144478
URL http://www.ruralnet.or.jp/

ISBN978-4-540-03320-9　製作／(株)新制作社
〈検印廃止〉　印刷・製本／凸版印刷(株)

定価はカバーに表示
Printed in Japan
乱丁・落丁本はお取り替えいたします。